そうだったのか!

驚きの名水のチカラ

佐々木 健

名水博士が語る水と健康、食、酒……

地人書館

目次

4章　日本酒と名水

5章　日本伝統文化と名水

6章　海軍と名水

7章　軟水人間論

8章　軟水ワールド、日本

はじめに

名水とはなんでしょうか。名水というと、歴史上の著名な人物が使った（かかわった）由緒ある湧水とか、〝機能水〟といっていろいろな効き目が宣伝され、本当かな？　というイメージのある水が連想されます。また、おいしい、身体にいいと、湧水や井戸水に群がる人々が連想されます。後者は、環境破壊や工場排水により、わが国の水道水がまずくなっていることの裏返しでもあります。人々は、おいしい、安全で健康的な水を常に求めているのです。また、夜な夜な名酔できる名水や迷水を求め飲屋街をふらふら歩き、名酔、迷酔ついには泥酔に陥る人も多いですが。かつての私（健さん）のことです。

一九八五年（昭和六〇年）、環境庁（当時）の「名水百選」（昭和の名水百選）の選定による名水ブーム（第一次）は、一九八九年（平成元年）の「平成の名水百選」選定に続く第二次名水ブームを経て、依然、名水ブームは密かではありますが、粛々として続いています。

そして、最近また、名水が見直されています。それは、温泉を含め、水による健康増進、ダイエット、美肌維持などがクローズアップされてきたからです。特に健康維持、病気治療や老化防止まで、名水の利用範囲が広がってきています。ただの水で健康になるなんて夢のような話ですが、それが夢《ゆめ》ではなく、ユーメイ（有名）な話になりつつあります。あるユーメイな超硬水ミネラル水でダイエットに挑戦し、効果がいつまでも出てこない、いつもマツコ・デラックスさんのような女性も知っています。

実際、いわゆる名水の中には、いい加減な非科学的名水が多く含まれているのも現状です。

一方で、わが国では、食品、伝統文化、伝統家内工業など、昔から、人々が気がつかないうちに発展してきた、名水の独特の機能性を活用した諸事例が、最近、マスコミ、テレビなどで再認識されています。名水によるお酒や吟醸酒の醸造、食品、菓子、豆腐の製造、伝統の和紙の製造などが、よく紹介されています。でも、まだまだ、多くの人が知らない、あっと驚く、チョー神秘的、チョーマジカルな、名水のとことん活用事例があるのです。未だマスコミにもあまり知られていないでしょう。

軟水で力を発揮する錦鯉や、「軟水人間」ってご存じですか（後述）？

健さんは四〇年以上も、サラサラ、チョロチョロと水の現場をたずね歩き、舌でなめ、水質分析し、名水の素晴らしさ、その秘めたる力や機能性について掘り起こしてきました。舌と目と鼻と手分析というスコップで。

日本の名水は、世界でも屈指の、いや、トップクラスの水質を誇ります。日本の名水はとてもおいしい。このようなおいしい天然水が幅広く分布している国を、世界中ではなかなか見ることができません。まさに名水は日本の宝であり、日本の文化そのもの。

しかしながら、無秩序な開発、環境破壊、水源の森の放置等で、この日本一の水質、水量の維持確保が、特に大都市周辺の水源で最近危ない状況に陥っています。まさに名水は危機に瀕しているのです。さらに、残された山地の優良水源を、中国や外国の資本が山ごと買占めに動いている新たな危機にも、世界屈指のわが国の名水は直面しています。

本書は、名水研究、名水の機能解明に命をかけたバイオ名水技術士の、約半世紀にわたる成果を、わかりやすく楽しく紹介するものです。私は技術士でありますので、ほとんどが、しっかりしたデータに基づく科学的根拠のある記述で、または科学的にしっかりした記述からの引用と考察になっています。迷酔、泥酔、認知不充分は健さんの日常茶飯事ですが、この本の記述にはそれらのきざしは全くありません。真の清冽清廉なバイオ名水技術士ならではの、わが国でも初の、アッと驚く、名水の紹介《しょうかい》です。ああ、ショーカイ、とご納得いただけると嬉しいです。

ただし、この本に述べられていることは、圧倒的に広島、中国地方、西日本の事例が多いです。それは、健さんが広島県呉生まれ、生粋の広島人、熱烈カープファン、広島じゃけん人間、による、地の利です。しかし、山頭火や錦鯉にかかわる水質調査など、また、独自の環境調査、食の調査、講演依頼等で、健さんは全国の名水の水質調査も行っております。ここに記述してある内容が必ずしも広島、中国地方のものだけでなく、全国共通に見られる事例も極めて多いことも、また事実であることを主張、強調しておきます。

本書を読まれて、名水の素晴らしさを改めて再発見され、皆さまがご自分に合った名水の機能性を活用され、さらなる幸せで豊かな健康生活を送られることを切に願っています。

軟水、中硬水、硬水

いきなり硬度《こうど》というコウド（高度）な話で恐縮ですが、重要なことです。今までの通説、常識をもとに本書を読んでいただくと混乱を生じます。

水を語る時、必ず出てくるのが、軟水、硬水の違いです。軟水は甘口日本酒、日本料理、硬水は辛口日本酒、西洋料理に良いとの話はよく聞きますね？　しかし、わが国では、外国の基準をそのまま採用し硬度一〇〇㎎／L以下をすべて軟水としており、いわゆる中等度の軟水や超軟水という概念がありません（表1と表2）。多くの学者やジャーナリスト、料理研究家も、一〇〇㎎／L以下を軟水と一括にとらえ、皆それ以下の硬度の違いは意に介していないようです(1)。WHO（世界保健機構）の分類は、ややましです(表3)。しかし、硬度五〇㎎／L以下の軟水が全国の地方の多くを占め、東京、関東、大阪、近畿にやや硬度の高い中硬水が分布しているという、現実の日本の水の硬度の分布に対応していないようです。硬度は、水に溶けているカルシウム（Ca）の濃度とマグネシウム（Mg）の濃度(ミネラルウォーターのペットボトルに表示されています)から、左ページの計算式で算出できます。

しかし、同じ軟水でも、硬度八〇㎎／Lと二〇㎎／Lでは、食品加工や料理に大きな違いがあることも事実です。昔は、同じ軟水でも硬度八〇㎎／Lでは日本酒醸造はかろうじて可能でしたが、二〇㎎／Lではまず不可能でした。東京のように水道水の硬度が一〇〇㎎／L近い中硬水だと、昆布での薄味のだしが出せず、かつお節の濃い目のだしになりがちであったのです。東京のだしが西日本に比

硬度の計算式

$$硬度_{(mg/L)} = Ca濃度_{(mg/L)} \times 2.5 + Mg濃度_{(mg/L)} \times 4.1$$

水に溶けているカルシウム塩とマグネシウム塩の濃度を炭酸カルシウムに換算した値を水の硬度と呼ぶ。硬度の定義は国によって異なり、日本はアメリカ硬度を採用している。

表1　日本の分類

硬度	分類
100 未満	軟水
100 ～ 300	中硬水
300 以上	硬水

表2　理化学辞典の分類

硬度	分類
178 未満	軟水
178.1 ～ 357	中硬水
357 以上	硬水

表3　WHO の分類

硬度	分類
0 ～ 60	軟水
60.1 ～ 120	中程度の軟水
120.1 ～ 180	硬水
180.1 以上	非常な硬水

表4　旧国税庁の酒造用水の分類 [2)]

度数（硬度）	分類
＜ 3 度（53.4mg/L）	軟水
3 ～ 6 度（107mg/L）	中等度の軟水
6 ～ 8 度（142mg/L）	軽度の硬水
8 ～ 14 度（249mg/L）	中等度の硬水
14 ～ 20 度（356mg/L）	硬水
20 度＜	強度の硬水

度数はドイツ硬度を表す（1 度＝ 17.8mg/L）。特に中等度の軟水および軽度の硬水は、広島ではそれぞれ中硬水、軽硬度水と呼ばれている。

表5 健さんによるこの本での分類

硬度	分類
0 ～ 15	超軟水
15.1 ～ 50	軟水
50.1 ～ 150	中硬水
150.1 ～ 250	やや硬水
250.1 ～	硬水

表 5 の分類が重要!
これをもとに
お話しするよ

本書の案内役
“名水の精”
スイ・メイちゃん。
健さんデザインの
ゆるキャラです。

べ一般に濃い目なのは、軟水と言われながらも実は中硬水であったからです。

わが国の日本酒業界では、この違いを早くから深く認識しており、硬度五三・四mg／L（ドイツ硬度三度。ドイツ硬度は、カルシウムやマグネシウムの量を、すべて酸化カルシウムの量に換算して表す。明治時代から戦前まで使われた。一度＝一七・八mg／L）以下を軟水とし、五三・五～一〇七mg／Lを中等度の軟水と、違いをはっきり識別していたのです（表4）。現場では中硬水または中硬度水と言って、お酒を造る時に識別して使っていました。中硬水がより一般的な名称です。

そこで、健さんは国の基準や他の研究者や、料理研究家とは異なり、自身の名水の化学分析や評価を総合的に判断して、独自に新しい硬度分類を設定しました。そして、三〇年前より、硬度を表5のように分類し、硬度一五mg／L以下を「超軟水」、一五・一～五〇を「軟水」、五〇・一～一五〇を「中硬水」、一五〇・一～二五〇を「やや硬水」、二五〇・一以上を「硬水」と呼んでいます。この分類だと、伝統工芸、食品と水の違いなどを語る時、科学的に、都合よく、水の特徴が整理できるのです。わが国では硬度一〇～一五〇mg／L程度の用水が広く分布していますが、大部分は一〇〇mg／L以下で、全国ほぼすべて軟水で片づけられるものでは決してありません。硬度一〇〇以下をすべて軟水というのは、わが国ではふさわしくない呼び方、分類と思っています。

この本では、すべて表5で示した、超軟水、軟水、中硬水、やや硬水、硬水の分類で、話を進めます。そうでないと、本当の名水のヒミツ、機能解析の話にならないからです。この健さんの新分類を頭に置いていただいて、本書をお読みください。

1章 名水とは

月山山麓湧水群（山形県西村山郡西川町、名水百選）
軟水の名水。写真の手水はパイプで約 6km 導水しており、行政の指導なのか、少し塩素を加えているのが残念だが、原水は菌もいなくて、とてもおいしい。

月山山麓湧水群の
名水を使った
羽黒山精進料理は
最高だよ。
スイ・メイちゃん

名水とは

名水とはどんな水をいうのでしょうか。実は名水の定義ははっきり言ってありません。四〇年以上も名水とは何かと、研究、調査、追求してきた健さんでも、はっきりとした名水の定義は確認できません。ただ、少々アルコールを含み、〝名酔〟をいざなう水が〝名水〟であることには異論ナシ!!

図1-1に現在名水と呼ばれるもの（勝手に名水と言っているものを含め）をまとめてみました。おいしい水がまず代表格ですが、古くからの地域密着型の名水や様々な言い伝えや健康に良い水（霊水?）、ペットボトル入りの市販の〝名水〟(勝手《かって》に言っている、カッテ言ってた)などがあります。また、機能水として種々の人工的に加工した名水も出回っています。昨日《きのう》飲んだ水が名水だったというキノウ水は分類にありません。特に、還元水や電解水、活性水素や水素水など、区別がつきにくい水もあります。さらに、ルルドの泉や閼伽《あか》井水など、宗教、信仰に基づいた霊水が水質の点でも名水という話もあり、混乱しているのが現状です(1)。

名水研究を始める

健さんの名水研究を始めるきっかけは、大学で発酵工学を専攻し、かろうじて卒業後、兵庫・灘の造り酒屋に就職して、いわゆる酒造用名水「灘《なだ》の宮水《みやみず》」を飲んだ時でした。渋い味と独特のまったり

①天然名水——天然の湧水、井戸水、沢水

・水質的に良好な「おいしい水」、いわゆる名水
・古くからの地域密着の生活用水
・種々の言い伝えのある特色ある水（体に良い水、霊水）
・温泉効果のある健康名水（還元水、エレメント水を含む）

②市販名水——いわゆるペットボトル名水で、天然水を主とするもの

・ボトル水 ……………… 天然水をボトル詰めしたもの
・ナチュラル水 …………… 天然水を殺菌、ボトル詰めしたもの
・ナチュラル・ミネラル水 …… ナチュラル水でミネラル成分の多いもの
・ミネラル水 …………… ナチュラル水にミネラルを加工したもの
・海洋深層水 …………… 深海の海水を脱塩し、ミネラル成分を残したもの

③機能水——人工水で、様々な機能を付加したとされるもの

・還元水 ……………… 人工的に酸化還元電位を低下させたもの
・電解水 ……………… 電気分解で酸性、アルカリ性に分けたもの
・磁化水 ……………… 外部、内部より磁気印加を行い水を磁化させたもの
・ピュアウォーター ……… 純水か超純水
・水素水 ……………… 水中に分子状の水素（ガス）を含むもの
・エレメント水 ………… 特殊な岩石や人工石で、ある成分（エレメント）を人工的に加えたもの
・電子水 ……………… 水をある装置で電化させたもの
・波動水 ……………… 水にある波動を加えたもの
・πウォーター ………… 水をある装置でπ化させたもの
・活性水素水 ………… 水中に活性水素（?）を多く含むもの

④その他霊水

宗教、信仰に基づく霊水、ルルドの泉、閼伽井《あかい》水、杖《じょう》の淵水《ふちみず》、スピリット水など

図 1-1　現在出回っている各種「名水」[1)]
分類、性質や機能が重複しているものも多く、科学的根拠に乏しいものも含まれる。特に機能水では、その定義、機能に疑問符がつくものが多い。

した雑味を感じ「なんでこれが名水なの？」と思いました。しかし、お酒には素晴らしい醗酵力を発揮する名水でした。健さんの地元、広島は軟水の地であり、お酒を造る水はほとんど軟水のおいしい水だったので、おいしい水こそ名水、と素直に思っていたのです。昔の健さんは、高倉健かササ健（佐々木健）、かと言われたぐらい純粋、無骨、そして素直でした。名水とは何か、というテーマは、それからずーっと頭の中にありました。

三年間の酒造会社修行を終え、大学院を終わって、現在の大学（広島国際学院大学。当時は広島電機大学）に就職した時、名水とは何かという研究テーマが再び蘇ってきました。そこで改めて名水の研究を細々とながら始めました。当時の環境庁（現環境省）が「名水百選」を選定したという話題もありました。水の分析ならばフラスコと試験管とピペットと手があればよい、舌もある。健さんは二枚舌ではない。分析は会社で鍛えられたので得意だ、ということで、分析に興味を持つ数名の学生さんといっしょに、近くの川水、井戸水、名水と言われる水、酒どころ西条の酒造用名水の手分析や〝きき水〟から、課外活動として研究を始めたのです。一九八五年（昭和六〇年）頃のことです。

歴史的名水、環境庁名水百選、平成の名水百選

名水という言葉を〝迷水〟に解釈されるように混乱させたのが、意外にも「名水百選」です。一九八五年に定められた、環境庁名水百選は、主に歴史的に由緒ある水や、昔から「きれいでおいし

いよ」と言い伝えられた水を名水と言っている例が多いようです。さらに一九八九年（平成元年）に定められた「平成の名水百選」でも、主に歴史的に由緒ある水で、地域や人々が保存活動を行っている水を名水と言っているようです。すばらしい水質の名水もありますが、多くはあまり考慮していなくて、いわゆる飲用不適の水も、名水とお墨付きを与えていたようです。表1－1に、昭和の名水百選を示します。この選定でわが国には第一次名水ブームが起こり、各地の名水百選には人が群がりました。そして、水質的に飲用不適の水も、多くの人が飲んでいました。

例えば、広島では、環境庁名水百選に選定された府中出会清水《ふちゅうであいしみず》（二〇一二年より今出川清水《いまでがわしみず》に名称変更）は、選定された時点ですでに環境汚染により大腸菌等も検出され、飲用不適の水でした（写真1－1）。他地域の多くの名水百選でも、同じ状態のものがありました。中央の机上の判断と地方の現場のギャップを感じたものでした。

この名水百選の選定により、ますます名水の定義が誰にもわからなくなったのです。

ブームの傍ら、名水に対する疑問の声や水質に対する不満の声も上がり、このことに懲りたか、「平成の名水百選」（一九八九年、表1－1）では水質も、やや考慮されたかのようでした。広島では北広島町、八王子よみがえりの水と、呉市、桂の滝はともに飲用適、いや、むしろきれいで、とてもおいしい水が選定されていましたが、特に桂の滝は、古くから水質分析を継続し、地域の保存活動にも協力してきた水場でもあります。両名水とも健さんは長くかかわっていました。名水百選の申請書には私の水質分析、名水鑑定書を添付したと地元の人からは聞きました（写真1－2）。

表 1-1　昭和と平成の名水百選リスト（1）

都道府県	名水百選
北海道	(1) 虻田郡京極町　羊蹄のふきだし湧水
	(2) 利尻郡利尻富士町　甘露泉水
	(3) 千歳市　ナイベツ川湧水
青森県	(4) 弘前市　富田の清水
	(5) 平川市　渾神の清水
岩手県	(6) 下閉伊郡岩泉町　龍泉洞地底湖の水
	(7) 八幡平市　金沢清水
宮城県	(8) 栗原市　桂葉清水
	(9) 仙台市　広瀬川
秋田県	(10) 仙北郡美郷町　六郷湧水群
	(11) 湯沢市　力水
山形県	(12) 西村山郡西川町　月山山麓湧水群
	(13) 東根市　小見川
福島県	(14) 耶麻郡磐梯町　磐梯西山麓湧水群
	(15) 耶麻郡北塩原村　小野川湧水
茨城県	(16) 久慈郡大子町　八溝川湧水群
栃木県	(17) 佐野市　出流原弁天池湧水
	(18) 塩谷郡塩谷町　尚仁沢湧水
群馬県	(19) 甘楽郡甘楽町　雄川堰
	(20) 吾妻郡東吾妻町　箱島湧水
埼玉県	(21) 大里郡寄居町　風布川／日本水
千葉県	(22) 長生郡長南町　熊野の清水
東京都	(23) 国分寺市　お鷹の道／真姿の池湧水群
	(24) 青梅市　御岳渓流
神奈川県	(25) 秦野市　秦野盆地湧水群
	(26) 足柄上郡山北町　洒水の滝／滝沢川
山梨県	(27) 南都留郡忍野村　忍野八海
	(28) 北杜市　八ヶ岳南麓高原湧水群
	(29) 北杜市　白州／尾白川
長野県	(30) 飯田市　猿庫の泉
	(31) 安曇野市　安曇野わさび田湧水群
	(32) 北安曇郡白馬村　姫川源流湧水
新潟県	(33) 中魚沼郡津南町　龍ヶ窪の水
	(34) 長岡市　杜々の森湧水
富山県	(35) 黒部市・下新川郡入善町　黒部川扇状地湧水群
	(36) 中新川郡上市町　穴の谷の霊水
	(37) 中新川郡立山町　立山玉殿湧水
	(38) 砺波市庄川町　瓜裂の清水
石川県	(39) 白山市　弘法池の水
	(40) 輪島市門前町　古和秀水
	(41) 七尾市　御手洗池
福井県	(42) 三方上中郡若狭町　瓜割の滝
	(43) 大野市　お清水
	(44) 小浜市　鵜の瀬
岐阜県	(45) 郡上市　宗祇水（白雲水）
	(46) 美濃市・関市・岐阜市　長良川（中流域）
	(47) 養老郡養老町　養老の滝／菊水泉
静岡県	(48) 駿東郡清水町　柿田川湧水群
愛知県	(49) 犬山市～可児川合流点　木曽川（中流域）
三重県	(50) 四日市市　智積養水

都道府県	平成の名水百選
北海道	(1) 上川郡東川町　大雪旭岳源水
	(2) 中川郡美深町　仁宇布の冷水と十六滝
青森県	(3) 十和田市　沼袋の水
	(4) 西津軽郡深浦町　沸壷池の清水
	(5) 北津軽群中泊町　湧つぼ
岩手県	(6) 盛岡市　大慈清水・青龍水
	(7) 盛岡市　中津川綱取ダム下流
	(8) 一関市　須川岳秘水ぶなの恵み
秋田県	(9) にかほ市　獅子ケ鼻湿原“出壷”
	(10) にかほ市　元滝伏流水
山形県	(11) 東田川郡庄内町　立谷沢川
福島県	(12) 福島市　荒川
	(13) 喜多方市　栂峰渓流水
	(14) 相馬郡新地町　右近清水
茨城県	(15) 日立市　泉が森湧水及びイトヨの里泉が森公園
群馬県	(16) 多野郡上野村　神流川源流
	(17) 利根郡片品村　尾瀬の郷片品湧水群
埼玉県	(18) 熊谷市　元荒川ムサシトミヨ生息地
	(19) 秩父市　武甲山伏流水
	(20) 新座市　妙音沢
	(21) 秩父郡小鹿野町　毘沙門水
千葉県	(22) 君津市　生きた水・久留里
東京都	(23) 東久留米市　落合川と南沢湧水群
神奈川県	(24) 南足柄市　清左衛門地獄池
山梨県	(25) 甲府市　御岳昇仙峡
	(26) 都留市　十日市場・夏狩湧水群
	(27) 山梨市　西沢渓谷
	(28) 北杜市　金峰山・瑞牆山源流
長野県	(29) 松本市　まつもと城下町湧水群
	(30) 飯田市　観音霊水
	(31) 木曽郡木祖村　木曽川源流の里　水木沢
	(32) 下高井郡木島平村　龍興寺清水
新潟県	(33) 村上市　吉祥清水
	(34) 妙高市　宇棚の清水
	(35) 上越市　大出口泉水
	(36) 岩船郡関川村・村上市・胎内市　荒川
富山県	(37) 富山市　いたち川の水辺と清水
	(38) 高岡市　弓の清水
	(39) 滑川市　行田の沢清水
	(40) 南砺市　不動滝の霊水
石川県	(41) 七尾市　藤瀬の水
	(42) 小松市　桜生水
	(43) 白山市　白山美川伏流水群
	(44) 能美市　遣水観音霊水
福井県	(45) 小浜市　雲城水
	(46) 大野市　本願清水
	(47) 三方上中郡若狭町　熊川宿前川
岐阜県	(48) 岐阜市　達目洞（逆川上流）
	(49) 大垣市　加賀野八幡神社井戸
	(50) 郡上市　和良川

表 1-1　昭和と平成の名水百選リスト（2）

都道府県	名水百選
三重県	(51) 志摩市　恵利原の水穴（天の岩戸）
滋賀県	(52) 彦根市　十王村の水
	(53) 米原市　泉神社湧水
京都府	(54) 京都市伏見区　伏見の御香水
	(55) 宮津市　磯清水
大阪府	(56) 三島郡島本町　離宮の水
兵庫県	(57) 西宮市　宮水
	(58) 神戸市　布引渓流
	(59) 宍粟市　千種川
奈良県	(60) 吉野郡天川村　洞川湧水群
和歌山県	(61) 田辺市　野中の清水
	(62) 和歌山市　紀三井寺の三井水
鳥取県	(63) 米子市淀江町　天の真名井
島根県	(64) 隠岐郡海士町　天川の水
	(65) 隠岐の島町　壇鏡の滝湧水
岡山県	(66) 真庭市　塩釜の冷泉
	(67) 岡山市　雄町の冷泉
	(68) 苫田郡鏡野町　岩井
広島県	(69) 広島市　太田川（中流域）
	(70) 安芸郡府中町　今出川清水
山口県	(71) 美祢郡秋芳町　別府弁天池湧水
	(72) 岩国市　桜井戸
	(73) 岩国市錦町　寂地川
徳島県	(74) 吉野川市　江川の湧水
	(75) 三好市東祖谷山　剣山御神水
香川県	(76) 小豆郡小豆島町　湯船の水
愛媛県	(77) 西条市　うちぬき
	(78) 松山市　杖ノ淵
	(79) 西予市　観音水
高知県	(80) 県西部　四万十川
	(81) 高岡郡越知町　安徳水
福岡県	(82) うきは市　清水湧水
	(83) 福岡市　不老水
佐賀県	(84) 西松浦郡有田町　竜門の清水
	(85) 小城市　清水川
長崎県	(86) 島原市　島原湧水群
	(87) 諫早市　轟渓流
熊本県	(88) 宇土市　轟水源
	(89) 阿蘇郡南阿蘇村　白川水源
	(90) 菊池市　菊池水源
	(91) 阿蘇郡産山村　池山水源
大分県	(92) 由布市　男池湧水群
	(93) 竹田市　竹田湧水群
	(94) 豊後大野市　白山川
宮崎県	(95) 小林市　出の山湧水
	(96) 東諸県郡綾町　綾川湧水群
鹿児島県	(97) 熊毛郡屋久町・上屋久町　屋久島宮之浦岳流水
	(98) 姶良郡湧水町　霧島山麓丸池湧水
	(99) 川辺郡川辺町　清水の湧水
沖縄県	(100) 南城市　垣花樋川

都道府県	平成の名水百選
岐阜県	(51) 下呂市　馬瀬川上流
静岡県	(52) 静岡市　安倍川
	(53) 浜松市　阿多古川
	(54) 三島市　源兵衛川
	(55) 富士宮市　湧玉池・神田川
愛知県	(56) 岡崎市　鳥川ホタルの里湧水群
	(57) 犬山市　八曽滝
三重県	(58) 名張市　赤目四十八滝
滋賀県	(59) 長浜市　堂来清水
	(60) 高島市　針江の生水
	(61) 米原市　居醒の清水
	(62) 愛知郡愛荘町　山比古湧水
京都府	(63) 舞鶴市　大杉の清水
	(64) 舞鶴市　真名井の清水
	(65) 綴喜郡井手町　玉川
兵庫県	(66) 多可郡多可町　松か井の水
	(67) 美方郡香美町　かつらの千年水
奈良県	(68) 宇陀郡曽爾村　曽爾高原湧水群
	(69) 吉野郡東吉野村　七滝八壷
和歌山県	(70) 新宮市　熊野川（川の古道）
	(71) 東牟婁郡那智勝浦町　那智の滝
	(72) 東牟婁郡古座川町・串本町　古座川
鳥取県	(73) 鳥取市　布勢の清水
	(74) 東伯郡湯梨浜町　宇野地蔵ダキ
	(75) 西伯郡伯耆町　地蔵滝の泉
島根県	(76) 出雲市　浜山湧水群
	(77) 安来市　鷹入の滝
	(78) 鹿足郡吉賀町　一本杉の湧水
岡山県	(79) 新見市　夏日の極上水
広島県	(80) 呉市　桂の滝
	(81) 山県郡北広島町　八王子よみがえりの水
山口県	(82) 萩市　三明戸湧水、阿字雄の滝（大井湧水）
	(83) 周南市　潮音洞、清流通り
徳島県	(84) 海部郡海陽町　海部川
香川県	(85) 高松市　楠井の泉
愛媛県	(86) 新居浜市　つづら淵
高知県	(87) 高知市　鏡川
	(88) 四万十市　黒尊川
福岡県	(89) 朝倉郡東峰村　岩屋湧水
熊本県	(90) 熊本市　水前寺江津湖湧水群
	(91) 熊本市・玉名市　金峰山湧水群
	(92) 阿蘇郡南阿蘇村　南阿蘇村湧水群
	(93) 上益城郡嘉島町　六嘉湧水群・浮島
大分県	(94) 玖珠郡玖珠町　下園妙見様湧水
宮崎県	(95) 西臼杵郡五ヶ瀬町　妙見神水
鹿児島県	(96) 鹿児島市　甲突池
	(97) 指宿市　唐船峡京田湧水
	(98) 志布志市　普現堂湧水源
	(99) 大島郡知名町　ジッキョヌホー
沖縄県	(100) 中頭郡北中城村　荻道大城湧水群

全国の平成の名水百選リスト（表１‐１）を見ても、多少は水質も考慮されていますが、水質自体の基準は明確でなく、歴史や保存活動に重きが置かれています。

写真 1-1　昭和の名水百選・府中出合清水（広島県、制定直後の 1985 年）。すでにこのときから汚染で飲用不適。

写真 1-2　平成の名水百選・桂の滝名水（広島県、制定直後の 1990 年）。飲用適。

厚生労働省の言う名水（おいしい水）とは

とてもおいしい水のことも「名水」と言われているようです。表１‐２に、現在よく使われているおいしい水（=名水?）の基準を示します。水のおいしさに関して、表1-2の②、厚生労働省の、「おいしい水の水質要件」（かつては水質条件と言っていた）に合致する水が、一般的にはおいしい水であると言われています。この基準は、多くの研究者やジャーナリスト、マスコミが本や記事に掲載し、これこそ名水の基準と言って大いにアピールしています。

しかし私は、これが発表された一九八五年当時から、大いに疑問を持っていました。名水の学術的検討を終えた[1~7]現在でもそう思っています。実は、旧厚生省は一九八四年（昭和五九年）に、水のおいしさの科学的評価がほしい、という消費者の声を受けて、「おいしい水の要件」という基準を初めて出しました（表1-2の①）[8]。これは硬度が五〇mg/L以下、有機物（汚れ）が一・五mg/Lという非常に厳しい基準でしたが、当時、現場の技術者、水関連の多くの人々はこの①の要件に、なるほど、この水質の水であれば名水（おいしい水）だろうと、健さんを含め、納得したものでした。

当時、九州、西日本、関東山間部、東北、北海道などにはこれに合致する水は多くありましたが、東京や大阪など大都市とその周辺では、土質の影響や、すでに環境悪化によって、この①の要件に合致する湧水や井戸水があまり存在しない状態だったのです。しかも、国内で売られているミネラル水は硬度八〇~一〇〇mg/Lが大部分で①の硬度の基準から大きく外れており、さらに、東京や関東の多くの水道水の硬度六〇~一〇〇mg/Lにも合致していませんでした。ミネラル水の販売会社からも不満が出たようです。

そこで、旧厚生省は学識経験者らによる「おいしい水研究会」を設置して、表1-2の②、「おいしい水の水質条件（表中では要件と表記）」を新たに提案しました。これは「おいしい水の要件」の硬度五〇mg／Lを一〇〇mg／Lに、有機物（汚れ）一・五mg／Lを三・〇mg／Lに緩和したもので、この②の基準が前述のように現在でも広く流通しています。

つまり、やや汚れた普通の水でもおいしいよ、となったのです。やや汚れた塩素も含まれる水道水でも名水だよ、となったのです。これは、誠におかしなものでした。ミネラル水の販売会社や水道局などの意見が、政治的？　恣意的？　に採用されたとしか、現在でも思い当たりません。

九州、西日本、関東山間部、東北、北海道などの硬度五〇mg／L以下できれいな軟水が多い地域では、これは大いに疑問でした。私自身も、「おいしい水の水質条件」に合致す

表 1-2　現在よく使われる名水（おいしい水）の基準

	①旧厚生省 おいしい水の要件	②厚生労働省 おいしい水の水質要件	③大阪大学※ 橋本奨ら おいしい水インデックス（OI）
pH	6.0 ～ 7.5	（6.0 ～ 7.5）※	
臭味	なし	臭気度 3 以下	
水温（℃）	ー	20 以下	
硬度（mg/L）	50 以下	10 ～ 100	
遊離炭酸（mg/L）	ー	3 ～ 30	$\frac{Ca + K + SiO_2\,(mg)}{Mg + SO_4\,(mg)} \geqq 2.0$
有機物（$KMnO_4$ 消費量）（mg/L）	1.5 以下	3.0 以下	
蒸発残渣（mg/L）	50 ～ 200	30 ～ 200	
残留塩素（mg/L）	ー	0.4 以下	
鉄（mg/L）	0.02 以下	0.02 以下	
塩化物イオン（mg/L）	50 以下	ー	

※橋本奨ら：水処理技術、29（1）、13-28（1988）
①は旧厚生省が定めた、わが国初の名水（おいしい水）の基準（1984 年）。
②は旧厚生省が修正し現在も使われている、名水（おいしい水）の基準（1985 年）。当時は“おいしい水の水質条件”と言っていたが、いつの間にか“おいしい水の水質要件”と変化した。①とよく混同される。※現在、pH の項目は削除されている。

る水はおいしくないと感じました。硬度五〇mg／Lと一〇〇mg／Lではおいしさに大きく違いがあるのです。また、有機物一・五mg／L以下はとてもきれいな水を示しますが、三・〇mg／Lだと少し汚れた水を示し、私でも有機物が二〜三mg／Lだと少し渋みを感じます。おいしくない！　つまり、「おいしい水の水質条件」は東京、大阪などの大都市を基準とした全国版の基準であり、地方版の基準とは大きく隔たりがあると言ったほうがいいかもしれません。大都市の水道水などはおいしくないのに、国が無理やりおいしい水、と決めつけている傾向すら感じられました。水質の良い地方で、水道水源を少し汚しても大丈夫、水質浄化の手を抜いても大丈夫、という考えや行動にもつながるおそれもあります。水道の民営化（第8章、168ページ）にも、関係する話です。

特に、環境教育などで子どもたちに②の基準を教えると、彼らは自分の家の井戸水はおいしく、水道水はおいしくないのに、先生はおいしい基準に入っていると言う、という味覚のズレが生じるようになりました。私自身も子どもたちへの環境教育の授業では、②の「おいしい水の水質条件」は、必ずしもおいしいわけではない、と話しています。地域の実感と大きく異なるからです。

また、表1-2の③の基準は、一九八八年（昭和六三年）頃に提案されたミネラルのバランスから名水を判定するおいしい水インデックス（ＯＩ）というものですが(9)、ミネラルを多く含む、関東、大阪、京都や近畿の水や、市販ミネラル水や外国の水には適用できても、全国に広く分布するミネラルの少ない軟水（硬度五〇mg／L以下）は、ミネラル自体が少ないので、ミネラルバランスを見ても意味はないであろうと思われました。しかも、有機物は考慮されておらず、汚れた水はいくらミネラルのバランスが良くても、おいしくありません。

そこで、本当においしい水＝名水とはどのような水質か、私は本気で名水研究に取り組み始めたのです。

コンピュータによる名水の判定法の開発

おいしい水を名水とするならば、前述の表1‐2の中で、どの基準が名水の基準とするにふさわしいのか、から検討を始めました。

まず、②の基準（水質条件）は、多くの人がおいしくない！　と感じる水が含まれるので、①の基準がおいしい水を評価する基準になりうると直感しました。広島や中国地方の地元でおいしいと言われる水と、特においしいとは言われていない水を合わせて二〇件に近い水の分析と、学生と一般の人五名（いつもメンバーは異なる）による〝きき水〟を実施しました。そして、やはり、①の旧厚生省のおいしい水の要件が、名水を評価するのにふさわしいだろう、という従来の直感と合致する結果を得ました(10)。

学生には、当時普及しかけた机上コンピュータ（今でいうパソコン）を使って、名水の度合いを数値化しようという動きも出てきました。そこで健さんもいっしょになって、①の「旧厚生省おいしい水の要件」を基本にして、分析値が変化するごとに配点を行って、その平均値で評価することを試み

表 1-3　のりPセットで設定した名水判定基準と各成分ごとの配点一覧（一例）

pH	A点
pH ＜ 5.0	0
5.0 ≦ pH ＜ 5.5	20
5.5 ≦ pH ＜ 5.8	60
5.8 ≦ pH ＜ 6.0	90
6.0 ≦ pH ＜ 7.5	100
7.5 ≦ pH ＜ 7.75	90
7.75 ≦ pH ＜ 8.0	60
8.0 ≦ pH ＜ 8.25	40
8.25 ≦ pH ＜ 8.6	20
8.6 ≦ pH	0

硬度（HD，mg/L）	B点
HD ＜ 50	100
50 ≦ HD ＜ 75	90
75 ≦ HD ＜ 100	60
100 ≦ HD ＜ 150	50
150 ≦ HD ＜ 200	40
200 ≦ HD ＜ 300	20
300 ≦ HD	0

有機物（O，mg/L）	C点
O ＜ 1.5	100
1.5 ≦ O ＜ 2.0	90
2.0 ≦ O ＜ 3.0	80
3.0 ≦ O ＜ 5.0	60
5.0 ≦ O ＜ 7.5	40
7.5 ≦ O ＜ 10	20
10 ≦ O	0

鉄（Fe，mg/L）	D点
Fe ＜ 0.02	100
0.02 ≦ Fe ＜ 0.05	80
0.05 ≦ Fe ＜ 0.1	60
0.1 ≦ Fe ＜ 0.2	40
0.2 ≦ Fe ＜ 0.3	20
0.3 ≦ Fe	0

塩素イオン（Cl,mg/L）	E点
Cl ＜ 50	100
50 ≦ Cl ＜ 75	80
75 ≦ Cl ＜ 100	60
100 ≦ Cl ＜ 150	40
150 ≦ Cl ＜ 200	20
200 ≦ Cl	0

残留塩素（Cl_2, mg/L）	F点
Cl_2 ＜ 0.1	100
0.1 ≦ Cl_2 ＜ 0.2	80
0.2 ≦ Cl_2 ＜ 0.3	60
0.3 ≦ Cl_2 ＜ 0.4	20
0.4 ≦ Cl_2 ＜	0

総合判定

$$X_{点} = (A_{点} \times B_{点} \times C_{点} \times D_{点} \times E_{点} \times F_{点})^{\frac{1}{6}}$$

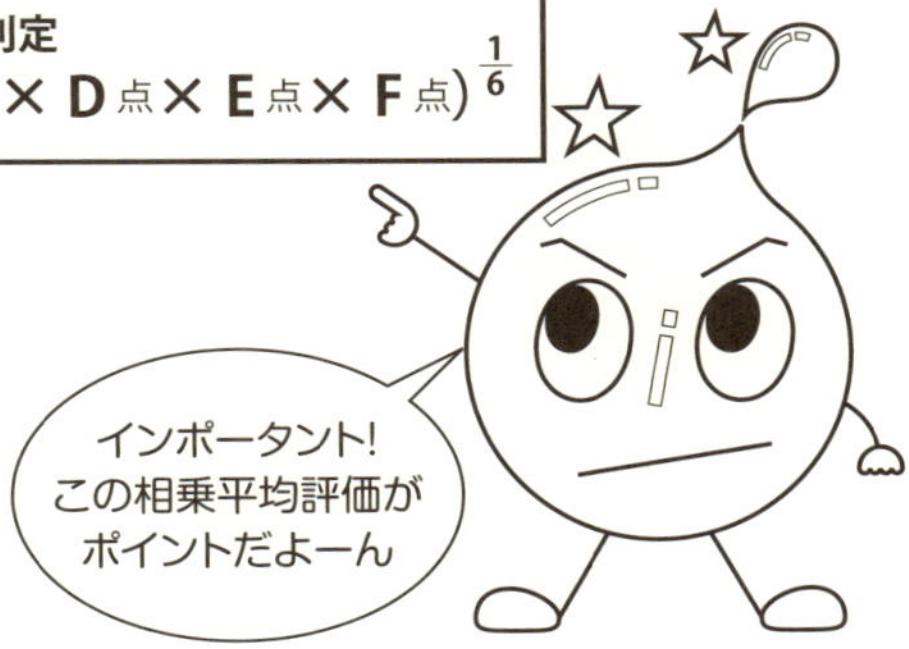

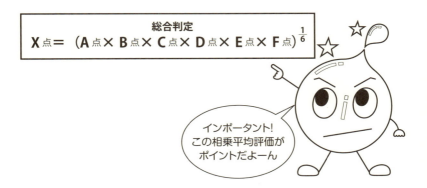

ました。しかし、いろいろやってみてもうまく表現できず、いろいろ配点を変えたり、平均の取り方を変えたりして、結局、表1‐3に示す配点と、相乗平均値《そうじょうへいきん》（普通の平均値は相加平均《そうかへいきん》という）で表現すると、水のおいしさを表現できそうだということがわかりました⑽。そうか！　相加（ソウカ）平均はだめなのか！　でした。

BASICプログラム（懐かしい）で評価した、名水度の出力例を図1‐2に示します。六つの分析項目のレーダーチャートがすべて埋まると一〇〇点、少し各成分が名水基準から外れると、減点により八八点などとなります。成分分析値がひどいと、〇点評価です。一項目でもひどい成分があると、水はおいしく感じないからです。例えば、有機物（汚れ）などです。

並行して、表1‐2③のミネラルバランスによる評価の妥当性も調べました。

それらの結果を図1‐3に示しますが、①の基準を相乗平均評価法で採点した名水度と〃きき水〃の点は相関が高く、比較的名水度（水のおいしさ）を表現できていることがわかりました。相関係数が大きいのです（学術的には統計的に相関があるという）。一方で、③のミネラルバランスから評価したOIと〃きき水〃では相関が見られず、おいしさがうまく表現できていないことがわかりました。

これは、広島や中国地方のいわゆる地域の名水とされる、ほとんどが硬度五〇～六〇mg／L以下の軟水での分析データだったので、このようなOIと比べて明確な差があることがひと目でわかる結果となったと思われました。東京や関東、大阪、京都などの近畿地方の中硬水でこのような結果になるかは、疑問のままでした。しかし、わが国の大部分の地方都市では硬度五〇mg／L以下の軟水が多い

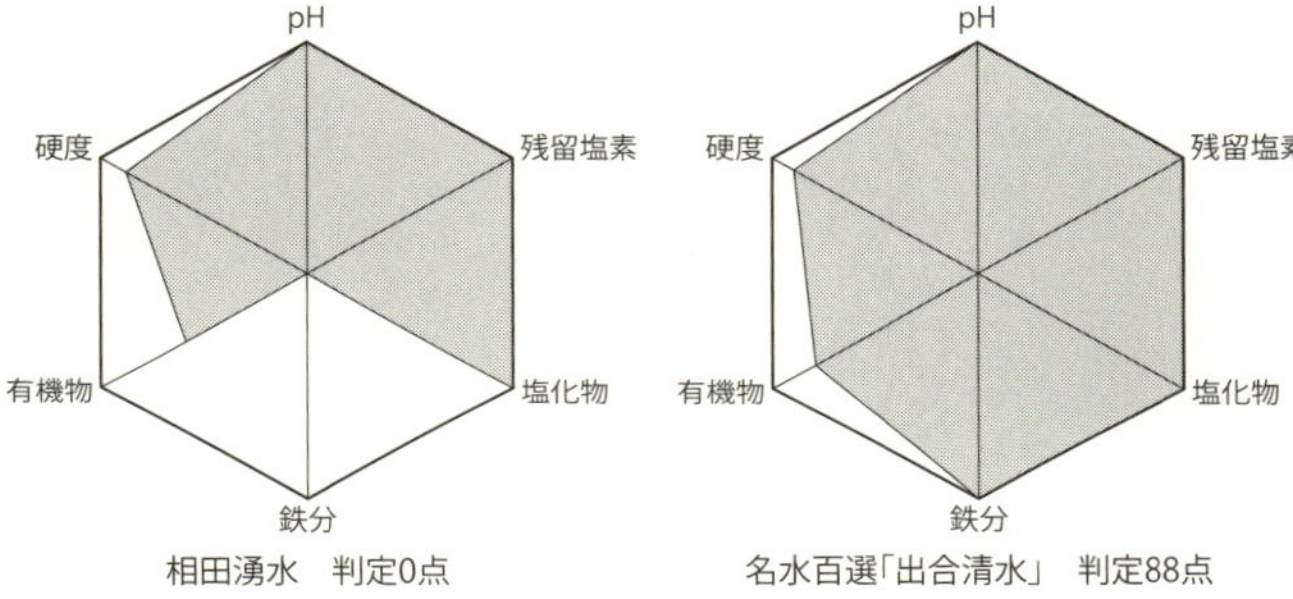

図 1-2　“のりＰセット”でのミニコン（プリンタ付小型コンピュータ）からの名水度の出力例

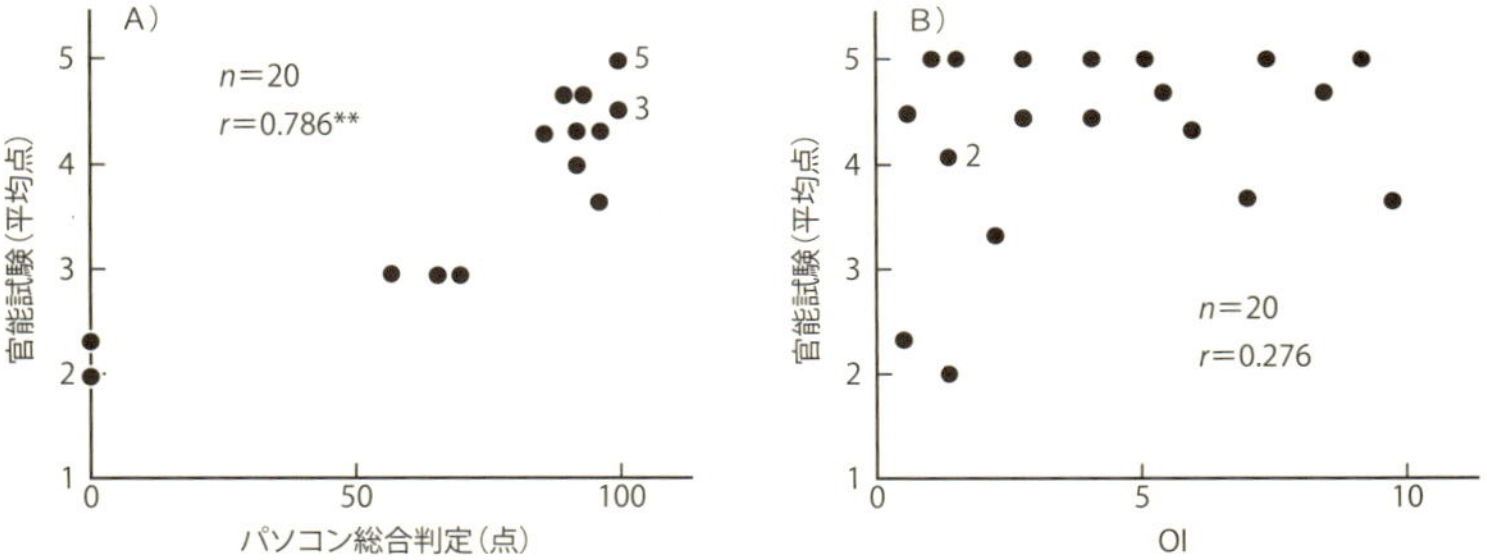

図 1-3　官能試験（きき水）とミニコン総合判定（A）および OI（B）との関係（*n* はサンプル数、*r* は相関係数で 1 に近いほど相関が強い。図中の数字は異なるプロットが 5、3、2 件あるという意味）

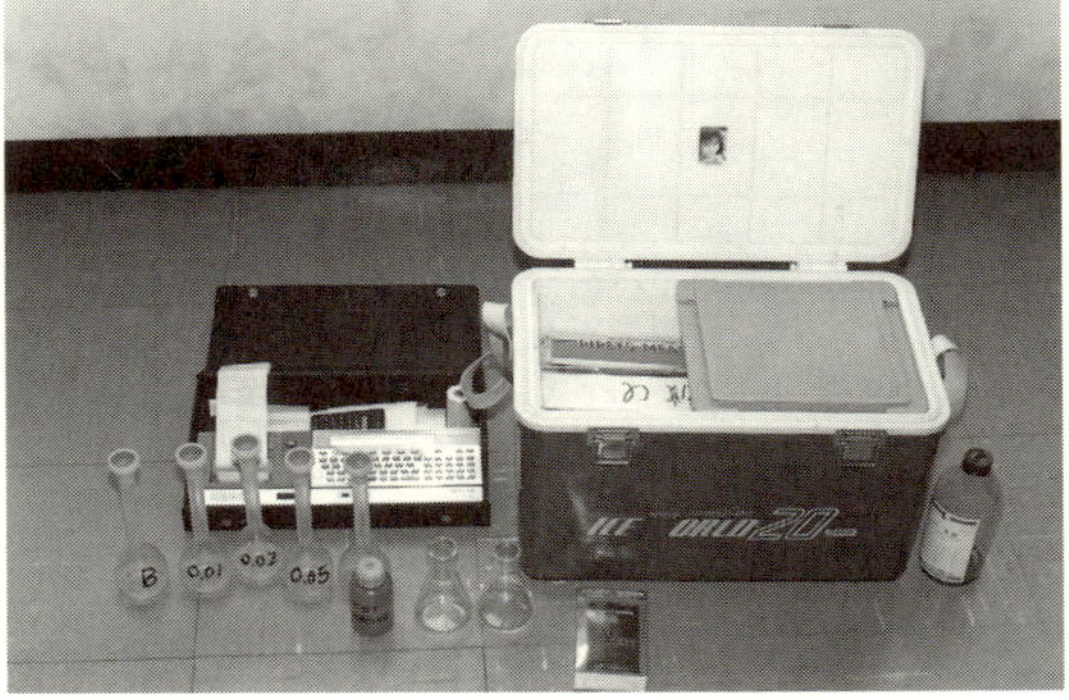

写真 1-3　迅速名水判定セット、“のりＰセット”。裏ぶたにのりＰのブロマイド。左はデータがプリントできる小型コンピュータ（ミニコン）。

ので、この評価方法はわが国では使えるとも感じていました。

　これを学会で発表すると、ある大きな大学の土木工学の先生が、「この名水評価法はすばらしい。学生でも使える。私の水理工学の教科書を改訂中なので、ぜひ引用させてほしい」と申し込みがあり、大いに使ってくださいと返事したこともありました。その後、学生にも好評と連絡をいただきました。また、マスコミでも注目され、多くのテレビ番組でも取り上げられました。ＮＨＫのかつての有名番組「にっぽん水紀行」にも、広島の広《ひろ》地区の名水紹介で、この評価方法が紹介されたこともありました。大きなパソコン（富士通ＦＭ７）を抱えて取材に歩く健さんの姿が、全国に放送されました。現在でも、この評価方法は地域の中学校や高校の理科クラブなどで使われていると聞いています。簡単な分析と電卓で名水判定ができるからでしょう。

のりＰセット

　テレビやマスコミ取材では、現地の名水を研究室に持ち帰って分析をしなければなりません。「なんとか現地で名水判定はできないの？」という要望が、非常に多くマスコミから寄せられました。そこで、いろいろ考え、工夫をして、小さなフラスコや短く切ったピペット、加熱器具にはキャンプセットを用い、実験室と同じ感度やレベルで分析ができるセットを考案しました。これを小さなクーラーボックスに仕切りをして入れ込み、安全に現地まで運び、現地で分析をするセット、および、プリンタのついた小型コンピュータ（ミニコン）を用いて、現地で四〇分程度で、名水判定ができるセットを開発しました（写真1‐3）。約五～六kgで持ち運びも簡単でした。これに、名水研究会の学生と健さんは、〝のりPセット〟と名付けました。当時は健さんも若く〝のりのり〟でした。

のりPこと酒井法子さんは、当時、〝清純アイドル〟として超有名だったので、我々名水研究会の名水を求める＝きれいで、清らかな水を求める、という姿勢をだぶらせて、勝手に命名したものでした。のりPセットの裏蓋には、ブロマイドが飾ってありました（そんな彼女が将来ドラッグにおぼれて、汚れてしまうなんて思いもよらなかったです。今でもショックです）。

この、のりPセットも、テレビ取材で大活躍しました。現地ですぐ名水判定ができるからです。

これでまた、NHKスペシャル（全国放送）で、大阪の名水、四万十川《しまんとがわ》の水、京都、京都大学演習林の名水水源を求めて旅する番組にも出演しました。この時、妻の実家、愛媛県城辺町《じょうへんちょう》（高知県境の町、現愛南町）の町内、親戚間では大騒ぎで、「婿の健さんがNHKに出る!!　地元、四万十川で屋形船に乗って名水判定しちょる！」と、義父は、たいそう鼻が高かったと嬉しそうに電話で話してくれました。NHK全国版は二回目の出演だったのですが、少し親孝行できたと思いました。

ただ、困ったことが出てきました。いろいろなところでの名水判定で、「九八点で大変いいですね、ほぼ名水です」では、地元の人が怪訝な顔をするのです。喜んでもらえないのです。一〇〇点満点じゃなければ名水ではない！　と思われているようで、これには困りました。事実を忠実に報告したのに。ちょうど、あの民主党政権時代の「仕分けの女王」と言われた蓮舫元大臣の「二番ではダメなんですか!!!」と同じようでした。二番ではダメなんです。広島カープも、優勝して初めて大騒ぎなのです。

結局その後、一〇〇点満点の名水と言える水についてのみ、取材したり、報告をしたりに変わっていきました（後述）。

本当の名水（おいしい水）の科学的解析

のりPセットを使えば、簡便に名水判定ができることがわかっていましたが、これは現場的、経験的に得られた判定方法で、それだけでは不満でした。何とか学術的にも名水判定を検証したい、表1-2①の旧厚生省おいしい水の要件が、本当の名水判定に学術的にも適用可能という証明をしたいということは、健さんの技術士、環境計量士としての長年の懸案でした。そこでさらに時間をかけて全国の水の採水と、主婦やご年配の方など一般の人や学生さん五人のパネラー（毎回メンバーは異なる）による、〝きき水〟を繰り返し、膨大な得られたデータを、重回帰分析やファジイ理論を用いた統計解析などを行って検証しました（2〜7）。この検証は学術的に解説すると長くなるので、紙面の都合上、興味ある方は原著論文をご覧ください。特に論文2〜4は、農芸化学会、水環境学会、ファジイ学会など権威ある学術雑誌の審査にパスして掲載された論文なので、一応、健さんの一学説として認められているといっていいと思います。その内容をまとめると、

（1）名水（＝おいしい水）の評価に、旧厚生省が最初に提案した「おいしい水の要件」が充分使える。

（2）「おいしい水の水質条件」では、おいしい水を充分評価できない。

ということです。

でも残念ながら、今でも「おいしい水の水質条件」がおいしい水の評価に全国的に使われています。そして、いつの間にか、厚生労働省になってから「おいしい水の水質条件」が「おいしい水の水質要件」に変化し、古くて適正な、「おいしい水の要件」は消え失せてしまいました。

ミネラルウオーターの名水

では、硬度の高いミネラル水はすべておいしくないのでしょうか？　いやそうではありません。硬水や中硬水のミネラル水でも、ミネラルの中でもおいしい成分、カルシウム、カリウム、二酸化ケイ素と、おいしくない成分、マグネシウム、硫酸イオンのバランスで、水のおいしさを表現することを、大阪大学の橋本奨らが提案しており、このおいしい水インデックス（ＯＩ）は広く使われています（表１－２③）(9)。健さんも、この基準は長年の〝きき水〟結果から適正と思います。硬度の高い水でこそ、ミネラルのバランスが大事になってくるのです。

例えば、軟水好きの私自身でも、エビアン水は硬度三〇〇mg／Ｌに近いものの、カルシウムが多いためにＯＩが高く、まずまずおいしく感じます。しかし、ビッテルや、高知県や富山県産の海洋深層水（深海四〇〇メートル級の海水を脱塩してミネラルは残し、軟水に混ぜたミネラルの高い水）はマグネシウムが多く、渋く感じられ、決しておいしいとは言えないと感じます。また、硬度が一五〇〇mg／Lもある、フランス産のコントレックスをおいしいという人にも、広島では会ったことがありません。味は好み、です。ところで、海洋深層水《しんそうすい》はどのように脱塩して造られているのでしょうか？　シンソー（真相）不明です。

水の味で最も大切なこと！

水の味で最も大切なことはなんでしょう。まず第一に、汚れのないきれいな水、清冽な水、であるということ。有機物が多い汚れた水は、軟水でもミネラル水でも決しておいしい水ではありません。統計的にもそれはよく示されています。まず、ミネラルありき、ではないのです。市販のわが国のミネラル水は、さすがにきれいな水に調整されています。有機物一mg／L以下の水がほとんどです。このようなきれいさだと、ミネラルバランスと味が一致しているのです。とにかくきれい、清冽が第一、名水のキーワード

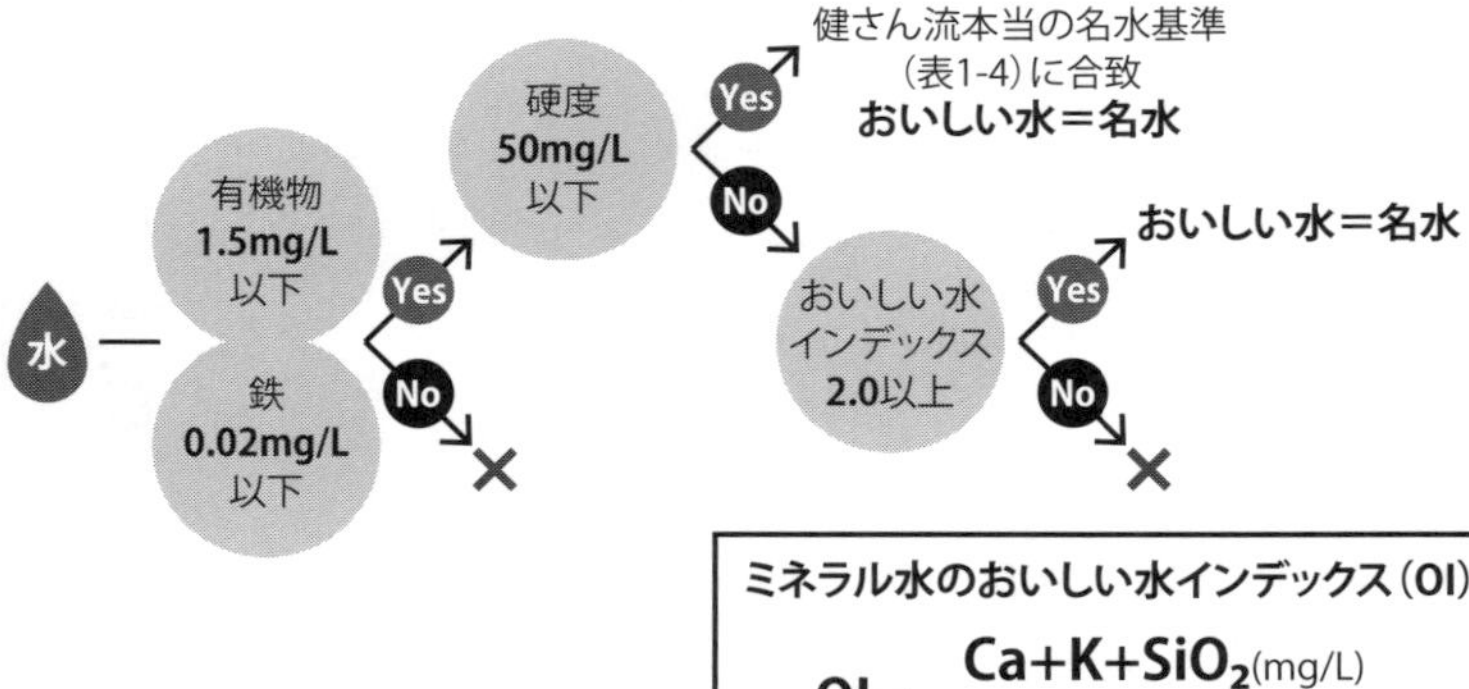

ミネラル水のおいしい水インデックス（OI）

$$OI = \frac{Ca+K+SiO_2 \text{(mg/L)}}{Mg+SO_4 \text{(mg/L)}}$$

OIが**2.0以上**でおいしい水

図 1-4　おいしい水＝名水の判定とおいしい水インデックス（OI）の計算方法

です。わが国の政治もこうであればいいのに。

これまで、のりPセットの現場的名水解析や、学術的な重回帰分析やファジイ解析を通じて、研究を進めてきました。ただ、点数化はあまり意味を持たないこともわかりました。人々が求めているのは一〇〇点満点のおいしい水なのです。一番でないとダメなのです。蓮舫元大臣、わかりますか?

したがって、現在は図1‐4に示したように、まず有機物と鉄の分析を行い、数値をクリアしたら、硬度を評価し、「旧厚生省おいしい水の要件」①を修正した表1‐4の健さん流本当の名水基準と、おいしい水インデックス（OI）で名水判定を行っています。名水にならなかった場合は、要望により、〝のりPセットの判定〟で、「名水度は〇〇点ですよ」と答えています。

雨の日三日後名水

ところで、長年の名水判定を通じて、採水時期も重要とわかりました。「雨の日三日後名水」とは健さんが名づけたもので、湧水でも浅い地下水か、表層水が混入しやすい位置に湧出している名水のこと。全国の名水にはけっこう多いです。雨が降ると土壌表面の腐葉土（雑菌を多く含む）や腐敗した葉などが、水の流れと共に、もともとは菌のないきれいな湧水に混入してきて、湧水に菌が検出されるのです。よく保健所等が水質を検査して、一般細菌やら大腸菌が基準以上検出されたので〝飲用不適〟とせっかくの湧水の現場に表示していることがありますが、雨の翌日や二日後に水質を検査をしていることが多いのです。若い検査員や日程に追われる年長公務員が水質検査したケースに多いです。かつてはこの事例が極めて多く、事実であって真実でない、人的細菌被害です。

したがって、雑菌が検出されても本来良い水質の名水ならば、「雨の日三日後」以降に採水に行けば、本来の水質の水が得られるのです。雨量にもよりますが、三日降雨がなければまずＯＫ。ただ、もともと、排水や有機物等で汚染された名水はダメ。この場合は硝酸態窒素や塩化物イオン等も多く検出されるので、データを見ればわかります。

名水とは――結論

名水とは何か？　名水とは飲んでおいしい、天然水、自然水のことです。旧厚生省が初めに提案

表 1-4　健さん流本当の名水基準

硬度	50mg/L 以下	Ca と Mg の総量で味に最も重要。
有機物（過マンガン酸カリウム消費量）	1.5mg/L 以下	水の汚れを表し、きれいなほうが良い。現在の評価指標 TOC（全有機炭素）では感度が低すぎ、名水判定には使えない。
塩化物イオン	50mg/L 以下	海水や温泉の浸入があると、おいしくなくなる。有機物汚れでも高くなることがある。
鉄	0.02mg/L 以下	味にかなり影響する。0.05mg/L 以上で渋味を感じるときがある。ごく微量が良い。
大腸菌	不検出	病原性大腸菌の可能性もあり、検出すれば飲用不適。
一般細菌	100/mL 以下	多いと汚れた水を示し、おいしくない。

その他、おおむね、硝酸態窒素 1.0 ～ 2.0mg/L 以下、リン酸イオン 0.1 ～ 0.2mg/L 以下が望ましい。多いと雑味、渋味を感じる。過去の水の汚れを表すことが多い（農園、畜産業、食品工場が上流域にある場合など）

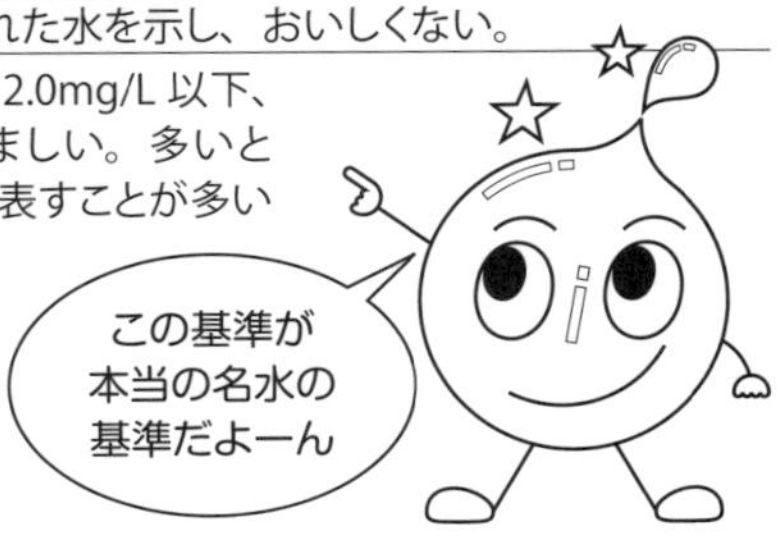

した、表1‐2①、の硬度五〇mg／L、有機物一・五mg／Lで、しかも鉄分の低い水のことです。鉄はお酒造りの用水の基準である〇・〇二mg／Lの基準です。これは日本人への名水の基準として最もふさわしいと言って良いと思います。表1‐4に改めて示します。少し最近の環境汚染を考慮し、現実的な二つの条件を付けています。環境汚染があれば、硝酸態窒素やリン酸イオンが高くなっていることも考慮しなくてはならないからです。

おいしくない水でも名水と呼ばれる水はありますが、その場合は「酒造用名水」（おいしくない水もけっこうある、例えば宮水）とか、「ダイエット用名水」、「人工ミネラル名水」、「人工ＡＢ機能水の健康名水」、「ＣＤ温泉健康名水」のように用途を限定すれば、混乱しないでしょう。その用途においては名水なので、限定して名水という言葉を使うのは問題ないと思います。

コラム

爆笑問題、太田光さんのすばらしい〝きき水〟

テレビ朝日の「近未来ジキルとハイド」という番組（全国版）で、爆笑問題の太田光さんとごいっしょさせていただいたことがあります。東京の水道水はおいしい、というテーマでしたが、太田さん、田中裕二さん、梅沢富美男さん、西川史子先生、ブラックマヨネーズ（吉田敬さん、小杉竜一さん）、東大卒の八田亜矢子さんらとスタジオで、東京の水（オゾン高度浄水）、世界の軟水、硬水、超硬水の〝きき水〟をしたのですが、太田光さんの〝きき水〟は素晴らしかったです。健さんの水のコメントに対し、適正な科学的対応をしてくれました。

驚いたことに、本番でも太田さんだけ台本がなく、自由に喋っていたのです。私を含め皆、司会進行の田中さんもカメラ横の台本のカンペ（カンニングペーパー）を読んでいるのですが。ディレクターが前もって「太田さんの話に釣られてべらべらしゃべらないように、大部分カットされますので」と注意がありましたが。

梅沢富美男さんの〝きき水〟の結果も素晴らしかった。料理をされるので、水の味には詳しいとのこと。まさに〝きき水〟で全部当てられました。お医者さんの西川先生は、舌は全くの迷医のようです。硬水のエビアンと軟水のサントリーの天然水の違いもわからなかったようです。まあ、八田亜矢子さん、ブラックマヨネーズのご両人は、ギャグをお互い交わすための〝きき水〟で、どれだけわかっているのかわかりませんでした。

ともあれ、太田さんの〝きき水〟の感性には驚かされた番組でありました。水の分析やら、荒川の河口から山頂源流付近(甲武信《こぶし》ヶ岳《がたけ》)までの取材等、延べ三週間を費やしたのですが、ギャラはスズメの涙ほどでした。有能な（？）名水バイオ技術士に対して失礼な!!!　爆笑！

2章　健康と名水

安曇野の名水

安曇野わさび田湧水群（長野県安曇野市、名水百選）
軟水ではなく中硬水で、ミネラルバランスのよい名水。

ワサビ栽培には
基本的には軟水ではなく
中硬水が適して
いるんだよ

スイ・メイちゃん

カルシウムやミネラルが健康の源

健康と名水といえば、フランスピレネー山脈の麓にある、ルルドの泉が有名です。ある病気の少女がお告げにより岩間を掘ったところ、水が湧き出し、この水を飲んだ病気の人がただちに回復したという、奇跡の水です。今では観光地となっており、世界中から奇跡の水を求めて多くの人が訪れます。この湧水は、石灰岩地帯から流れ出るカルシウムやマグネシウムの多い硬水で、有機ゲルマニウムが含まれていると言われます。実際、この水で病気が回復したという医学的な奇跡は六〇人以上いると言われています。これは事実のようです。

カルシウムの多い水は世界中の多くの健康長寿村で、存在が認識されています。南米エクアドルの高原地に住むビルカバンバの人たちや、ヒマラヤ山麓の高原に暮らすフンザ族の人々、メキシコ、ドイツの長寿村など一〇〇歳を超える元気な老人のたくさんいるところでは、飲用水にカルシウムの多い硬水を使っているという共通点がよく指摘されています(1)。

ただ、後述しますが、わが国では近年、軟水で長寿村、という例が増えてきています。

水のカルシウム、マグネシウム健康法

わが国においても、古いデータですが（最近はこのような研究がない）、山口大学医学部の調査で、

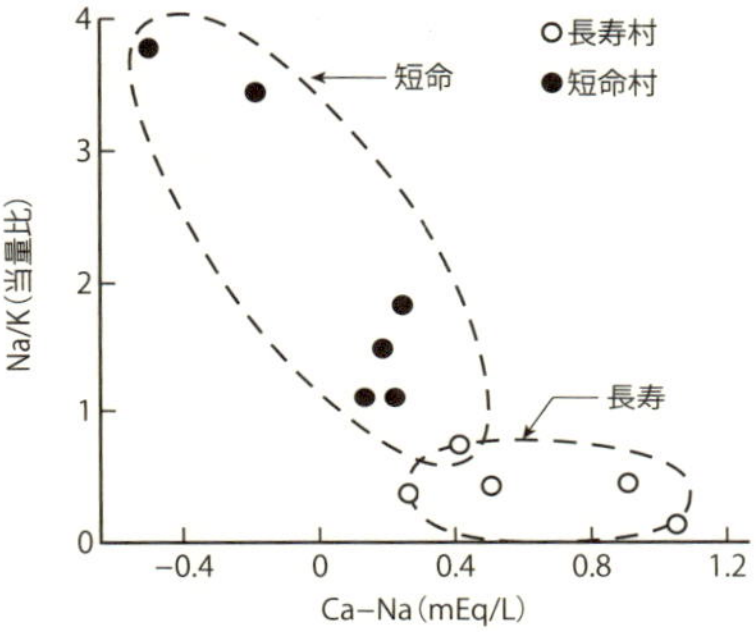

図 2-2　Ca が多く Na が少ない水は長寿村に多い（日本）

ミリ当量 /L で比較
出典：石原、公害と対策、3（10）、15（1957）

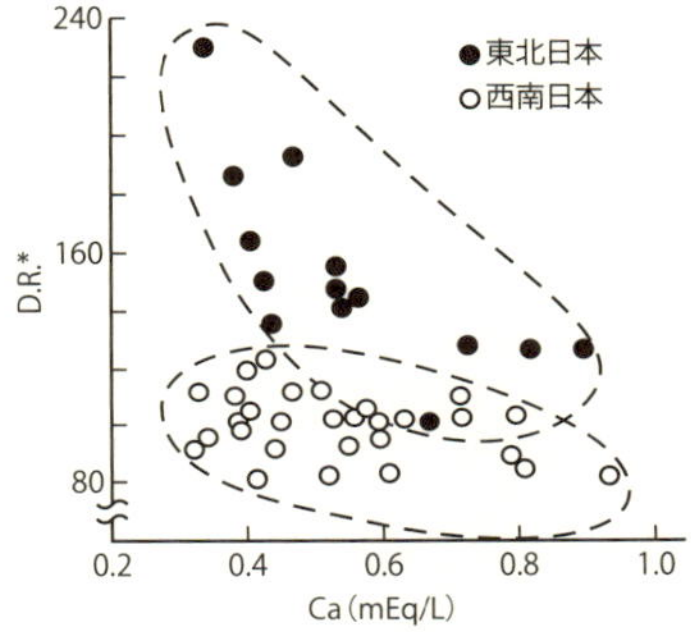

図 2-1　脳卒中訂正死亡率と河川水（水源）成分との相関（1957）

D.R.*：訂正死亡率（1947 〜 1950 年の 4 カ年の平均値について 1950 年度人口を基準として算出、人口 10 万人対）
Ca mEq/L（ミリ当量 /L）＝ 40.1mg/L
出典：上野、山口医学 6、122-141（1957）

全国のカルシウムの多い中硬水を長く飲む人には、脳卒中の死亡率が他の地域より少ないという疫学的データがあります（図2‐1、図2‐2）(2、3)。一九五七〜一九五八年（昭和三二〜三三年）当時、食料事情は良くなく、脳卒中は死因の第一位でした。

また、島根県の隠岐《おき》諸島では、一つの大きい島の島後《とうご》と小さな三つの島からなる島前《とうぜん》とに分かれていますが、玄武岩質からなる島前では、水はカルシウム、マグネシウムがやや多い中硬水で、西郷町のある大きな島、島後では、山が急峻で森林が深いために軟水のところが大部分です。島前の中硬水を飲む人にはガン、脳卒中の罹患率が少ないという話が知られています。それぞれ、島前には名水百選、天川《てんがわ》の水（写真2‐1）、島後には壇鏡《だんぎょう》の滝《たき》湧水（写真2‐2）という名水がありますが、それぞれ硬度六〇mg／L、硬度二〇以下くらいでした。島前《とうぜん》がいいのは当然《とうぜん》だったのか？

絶海の孤島群であり、冬季にはたびたび本土との交通が途絶する立地で（現在でも）、たびたび食料危機にみまわれたのです。水の中のミネラル供給が健康を支えたのでしょう。ただ、これらの統計は、わが国の食料事情が良くなかった、昭和四〇年以前の話です。食事が欧米化しインスタント食品やレトルト食品も普及した今となっては、牛乳や肉などから多くのミネラルが摂取できるため、現在でも、図2‐1、2‐2や、隠岐でのカルシウム健康法が通用するかは確かではありません。オキのカモメに聞いてくれ！

写真 2-1　隠岐郡海士町の「天川の水」（中硬水、名水百選）。

写真 2-2　隠岐郡隠岐の島町の「壇鏡の滝湧水」（軟水、名水百選）。

また、フィンランドでの疫学調査では、水の硬度が高い地域に住む人々は、硬度の低い地域に住む人々に比べ心臓血管障害が少ないという、水の硬度と病気が逆相関をすることが医学的に報告されています(1)。

水の健康インデックス

このように、硬度の高い水を飲んで、カルシウムやマグネシウムを長く多く摂取していると、一般的に健康に良いと言えそうです。大阪大学の橋本奨ら(4)は、約三〇年も前に、水のカルシウムで健康度を評価する健康インデックス、ＫＩを定め、健康に良い水を定量的に評価しています。この略号化は元竹下総理大臣の孫の俳優ＤＡＩＧＯの先取りですね。

KI = Ca（mg/L）－0.8Na（mg/L）

ＫＩが五・二以上で、健康に良い水と評価。

ちなみに、水のミネラル（カルシウム、カリウム、二酸化ケイ素、マグネシウム、硫酸イオン）で水のおいしさを評価する、おいしい水インデックス（ＯＩ）も定められています（1章、表1‐2③）。

水のミネラル成分の健康への影響

ミネラル水は多種多様なミネラルを含んでいます。ただし、一般的に水の味を大きく損ねる鉄やマンガンの少ない水が、飲用や料理、伝統工芸に適しています。各ミネラルの生理作用、健康への影響などを表２‐１にまとめてみました。

カルシウム（Ca）、マグネシウム（Mg）

カルシウムは最も大切なミネラルの一つです。骨や歯の成分です。マグネシウムと協働して、生体で極めて重要な働きをしています。特に気をつけたいのが、カルシウムが不足すると骨が溶け出し、骨粗鬆症《そしょう》や、その他多くのカルシウム欠乏症を引き起こすことです。動脈硬化、脳卒中、心筋梗塞などです。また、カルシウム不足でのイライラ、精神不安定が、〝キレる若者〟〝キレる老人〟などとして話題になったこともあります。

マグネシウムは骨からのカルシウムの溶出を防ぎ、カルシウム不足にならないようにする働きがあります。また、マグネシウムによる免疫活性増進やストレス耐性が最近注目されています、また、便秘防止にも重要なミネラルです。

表 2-1　水に含まれるミネラルの作用、特徴、効能等

Ca **カルシウム**	骨や歯の成分。体内に最も多く含まれるミネラル。生体反応の基本を支える。諸酵素の活性化や筋肉の収縮、精神の安定にも必須。多様で、重要な働き。水をおいしくする成分。骨粗鬆症、動脈硬化、脳卒中、心筋梗塞、皮膚炎、じんましん、便秘、精神不安定、イライラを防止、改善。
Mg **マグネシウム**	Ca の働きを助け、骨からの Ca の溶出を防ぐ。便秘を防ぐ重要成分。疲労回復、血流を整え、諸生体反応、酵素を活性化、多様な働き。Caと同じく動脈硬化、脳卒中、虚血性心疾患を改善、予防。免疫活性、ストレス耐性を高める。
Na **ナトリウム**	栄養や老廃物のやりとりをスムーズにする。浸透圧調整、血圧調整、神経伝達に重要。通常、食物より多く取れ、不足することはまれ。熱中症、多発汗、スポーツ後などでは水とともに取る必要あり。
K **カリウム**	Na との相互作用で浸透圧、血圧を保つ。神経伝達に重要。通常、食物から充分取れ、不足することはまれ。水をおいしくする成分。
F **フッ素**	虫歯予防の重要成分。ウーロン茶などに多く含まれる。鎮静作用が注目されている。心筋梗塞予防。
Si **ケイ素**	骨や血管組織がもろくなるのを防止。水をおいしくする成分。動脈硬化、心臓病にも関係。脱毛予防。万病に効く?
Ge **ゲルマニウム**	ルルドの泉をはじめ長寿村の水に含まれることが多い。抗酸化作用を有し、体内の活性酸素を除去。免疫増強、ガン予防、多くの成人病予防、老化防止予防、改善。
Se **セレン**	発育に不可欠なミネラル。抗酸化力を有し、多くの成人病を予防すると言われる。不足すると、ペルオキシダーゼなど生体抵抗力（抗酸化作用を含む）関連酵素が不足する。老化防止、ガン予防、心臓病改善。
Zn **亜鉛**	代謝やホルモン活性化、皮膚や骨格の発育に重要。食物から取ることが不足しがち。味覚障害、脱毛、肌トラブル、免疫低下、貧血、精力減退防止。
V **バナジウム**	最近、糖尿病予防に効果ありと注目されている。
H_2 **水素**	水に含まれる分子状の水素（普通の水素）。水の酸化還元電位を下げ、活性酸素を消去（特に脳内）効果が報告された。従来の活性水素水、アルカリイオン水、還元水とは異なる。記憶力低下、認知症予防効果やパーキンソン病治療、疲労回復効果がうたわれている。

ナトリウム（Na）、カリウム（K）

ナトリウムとカリウムは協働して、浸透圧、血圧、神経電達に重要な働きをしています。通常、食物から充分取れるので、熱中症等の時などを除けば不足することはまれで、水から取る必要はありません。むしろ、ナトリウムは塩分の主成分なので、ナトリウムの取り過ぎは塩分取り過ぎと等しく、多くの病気を引き起こす原因として〝減塩〟が推奨されているぐらいです。

注目の水のミネラル

最近、ミネラル水の中で重要と注目されているのが、ケイ素、セレン、亜鉛、バナジウムなどです。ケイ素は、これまであまり注目されていませんでしたが、骨や血管組織がもろくなるのを防ぐ役割が注目され、特に脱毛予防に効くなどと注目されています。アートネイチャーも真っ青？

セレンも、抗酸化力を有していることが報告され、老化防止、ガン予防、心臓病改善が、期待されています。また、亜鉛は脱毛や肌トラブル、精力減退予防に注目が集まっています。ただ、亜鉛《あえん》の多い水にはなかなかデアエン（出会えん）です。トタン板（表面が亜鉛）でも舐めるか？　舐めたトタン、バイアグラ？？？　となるかもしれません。また、バナジウムは富士山麓の湧水から多く認められて、糖尿病に良いと評判になっています。

水素水

水素水も最近注目されています。これは従来の活性水素水、還元水などとは異なり、水に分子状に水素を溶け込ませ酸化還元電位を極めて低くして、活性酸素発生を防止し健康に導くというものです。還元水、アルカリイオン水のようにアルカリ性でなく、中性のものが多いのが特徴です。特に脳内の活性酸素を除去し、記憶力低下、認知症への効能が動物実験で認められ、ヒトでの臨床試験でも同じ効果が認められて、さらにパーキンソン病、疲労回復などに効能があると言われます(5、6)。ただ、水素をどのような方法で水に溶け込ますか、どのように低い酸化還元電位を製品として維持するかで、市販製品での効果が明確でない面もあり、水素量の基準もなく、健康に良いかどうかはっきりしていません。

これらミネラルの健康への影響について、ケイ素、セレン、亜鉛、バナジウム、ゲルマニウム、水素などにおいては研究途上であり、明確な効果が医学的に実証されているものはまだないようで、表2-1にまとめた効果には試験段階のものも含まれます。技術士としての〝つれづれケンコー(健考)〟(健さんの考察、つれづれなるままに考えた)であり、予備的情報です。

機能水とは

水素水に限らず、天然または何らかの人工的な操作を加えた、いわゆる機能水も、健康名水と言っている場合があります。この機能水は、本当に健康名水なのでしょうか?

第一章の名水のところで述べたように、たくさんの機能水の名水があります(図1-1)、いや、かつてありました。この中で、いわゆる機能水として様々な機能性を付与しうるものは、現在、科学的にみると、電解水、磁化水ぐらいではないかと、私は思います。

電解水は、水を電気分解しアルカリイオン水と酸性水に分けるので、アルカリイオン水と同じか、同意義のものです。これらは最近は多くの医学的効能(胃腸、アトピー、高血圧、糖尿病)が報告されています。これはヒトの体内でガンや多くの成人病の原因になる活性酸素を消去できる機能があるので、機能水と呼んでいいでしょう。

還元水もこの電解水の仲間です。酸化還元電位(ORP)が低く、還元性が高い水で、アルカリイオン水と全く同じ種類の水もあります。天然水にも、この環元水はあります。そのほとんどはアルカリ性で、アルカリ還元水とも呼ばれ、アルカリイオン水と同じ機能性を持つと考えられています。

水素水も、前述の通り、機能水に分類されます。グレーな面もありますが。脳や肌に働き、老化防止などに機能性があるよ、という医学的報告もあります(5)。

一方、一時期、活性水素水という水が多く出回りました。しかし、活性水素という学術的概念がなく、これは怪しいと思われます。水素水との違いも科学的に明確ではありません。

ただ、注意したいのは、電解水や環元水、水素水にしても、原水として水道水を用いると、水道水には地域により多様な有害物質(農薬や工場排水)が微量でも含まれている可能性があることです。

機能水がその良い機能を発揮するためには、機能水の原水が、天然の清冽な、汚染のない水であることが必要となるようです。

その他、図1-1にある、電子水、パイ（π）ウオーターー、磁化水、波動水等は、昔からよく堂々と売られている水ですが、科学的根拠が今でも不明なものが多いです。特にパイウオーターは、ちゃんとした名古屋大学の教員（理学博士）が提唱した機能水であるにもかかわらず、いい加減なものと結論付けられています。

水分子のクラスター説は怪しい

これら機能水の効能を論議する時、クラスター（分子の集団）の小さい水、大きい水という話がよく出てきます（図2-3）。核磁気共鳴装置を使って測定した水のスペクトルの幅が、水分子のクラスターの大きさを表すと解釈し、クラスターの小さい水は細胞に浸透しやすく、細胞にい

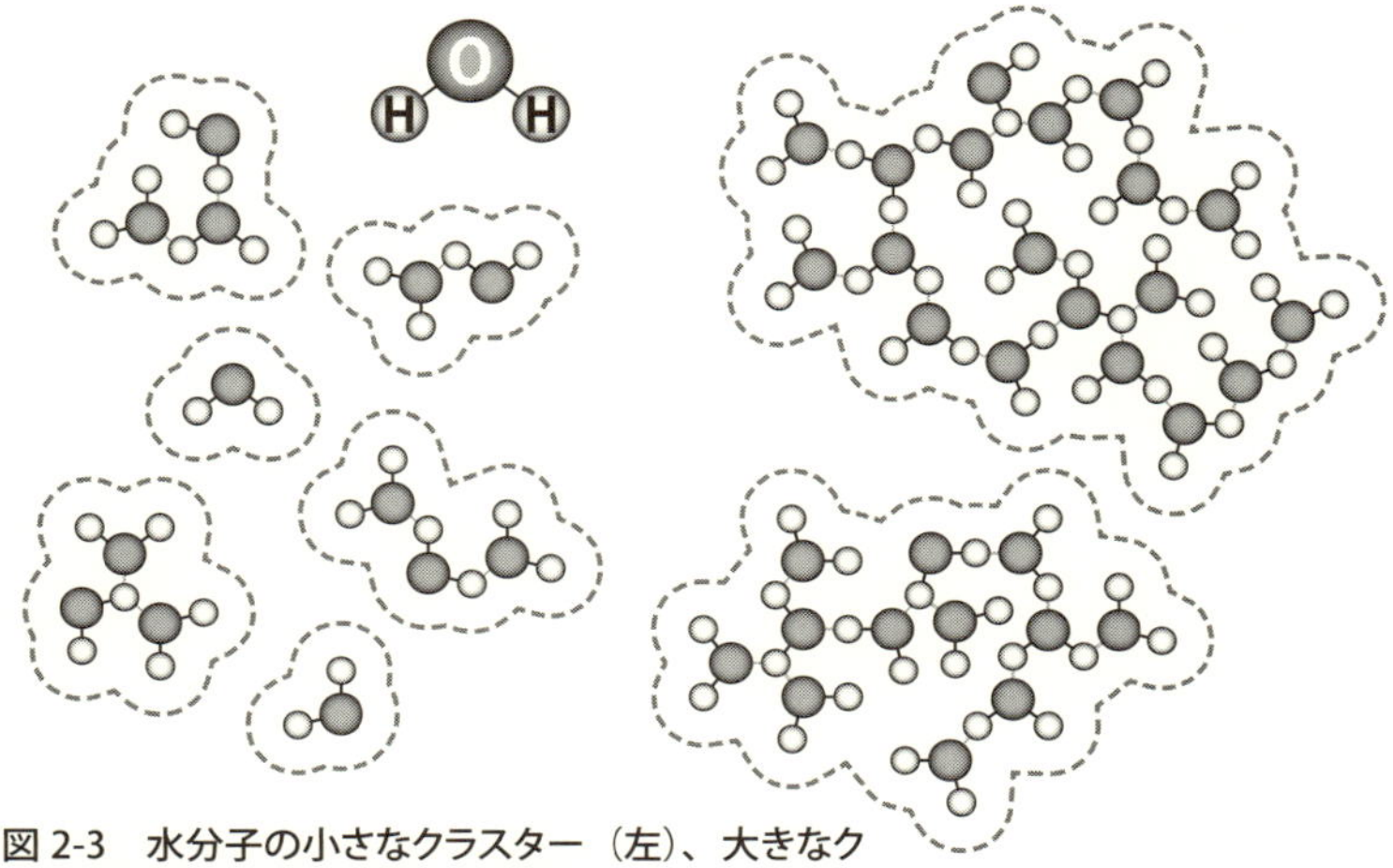

図 2-3　水分子の小さなクラスター（左）、大きなクラスター（右）。これは現在、評価不能とされている。

ろんな機能を及ぼす、と松下和弘氏（理学博士）が唱えた説です。これは一般にはとてもわかりやすいために、長く機能性の効能や健康効果を誇示する科学的理論として、水の宣伝パンフレットにも堂々とうたわれ、つい最近まで販売員が説明することも多い説でした。

しかし、核磁気共鳴スペクトルというものは、水のpHや成分や温度によりふらつきやすく、そもそも水分子のクラスターの大きさを表しているものでないことが、東京医科歯科大学の藤田紘一郎博士や、法政大学の大河内正一博士らにより科学的に証明されました（5、7）。クラスターの大きさが核磁気共鳴装置では測定できない以上、クラスターの小さい水が体に良いということも科学的には不明瞭、証明できません。今でもクラスターの大きさを機能水の特徴に挙げる販売員や学者には要注意です。

磁化水も健康的には怪しいが、おいしい水には改善できる

磁化水なども、磁気の中に水を通すとクラスターが小さくなって、いろんな機能（ガンや病気に効く、植物、動物が成長促進する、パイプのサビを取る）がある、などと言われてきました。前述のように、水分子のクラスターの大きさが測定できない以上、磁気《じき》でクラスターが小さくなるという科学的根拠はないので、明言にはジキ尚早というより、誤った説です。一時は多くの磁化装置が出回りましたが、最近は科学的根拠が不明瞭ということが知られて、すたれてきているようです。

ただ、パイプのサビ取り効果についてだけは、理由は不明瞭なものの、経験的に効果を認める人も

いて、磁化装置の販売は続いているようです。

健さんも、ある企業より技術士指導を頼まれ、磁気印加装置の検証実験を行ったことがあります。磁化によるクラスターの大きさの変化は、当初より確認できず非科学的なものと認識してきましたが、水にじっくり磁気を印加することにより、光合成微生物の活発化、光合成色素の増加を確認し、これは生体には効果のあるものだな、と、バイオ効果として確信しました(8)。さらに、パイプのサビ取りにも効果を認めました(9)。水に元々含まれる鉄分が磁化され、パイプの中のサビをくっつけて取り去ったり、また、鉄分が凝集して水と分離しやすくなって舌に鉄分の渋味が感じられなくなり、少し水がおいしくなったりする現象を、科学的に証明しています(9)。図2-4にこれらの効能を模式図で示します。ただし、この現象は使用原水に鉄分が多い時のみ引き起こされ、原水がきれいな水では何ら変化がないこともわかっています。原水に鉄分が多いところで、磁化装置（五〇〇〇ガウス以上で磁気印加数秒以上）で磁化されると、パイプのサビ取りに効果があり、水がおいしくなるのです。

しかし、現実の磁気印加を行う製品は安価な弱い磁石の中を、さーっ

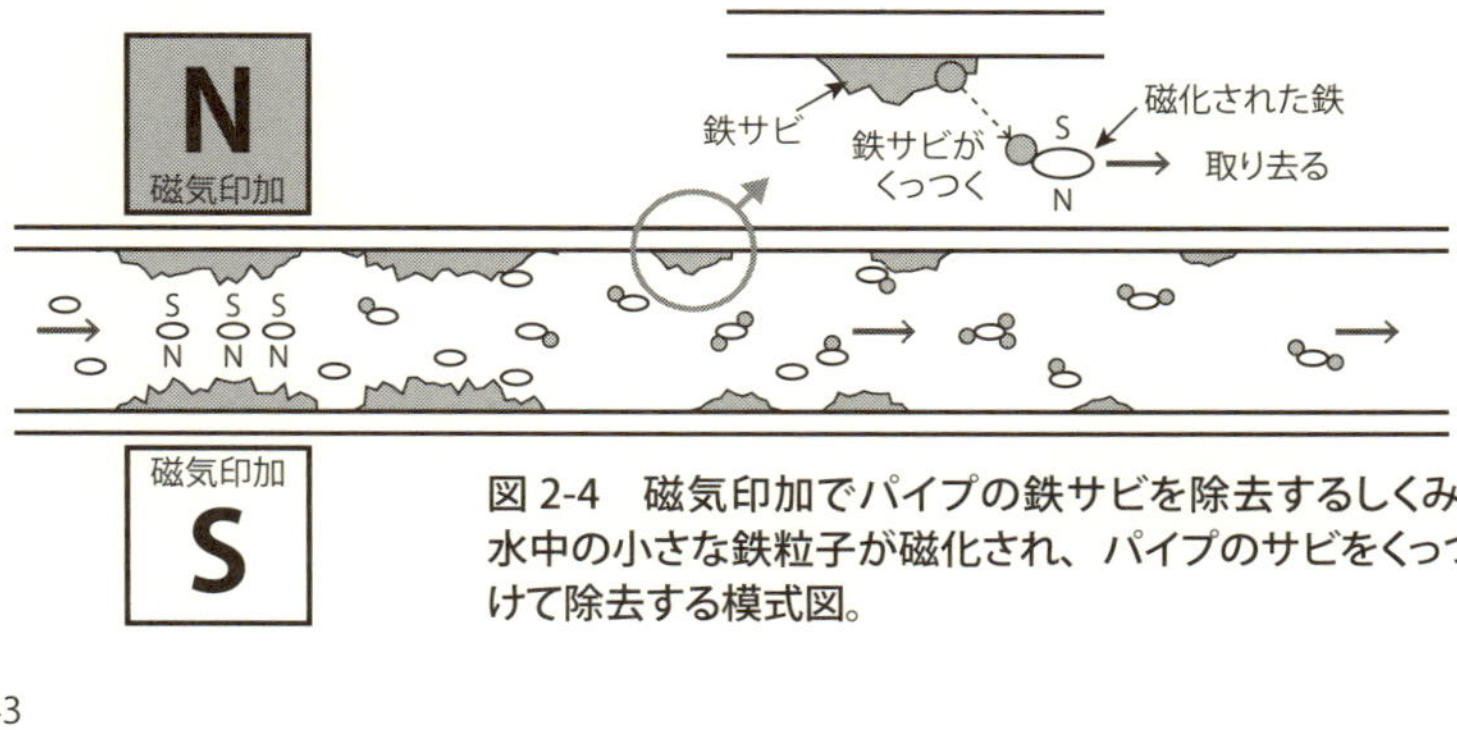

図2-4　磁気印加でパイプの鉄サビを除去するしくみ。水中の小さな鉄粒子が磁化され、パイプのサビをくっつけて除去する模式図。

と水を通過させるものが多く（低価格化のために）、効果が期待できないものも多く出回っています。磁気印加《いんか》でインカ（いいのか）？　ジキ尚早ではないか？　まさに玉石混交状態です。以上、水の機能性については、電解水、還元水や一部の磁化水は科学的根拠があると考えられますが、他の機能水は、グレーか効果なしと言ってよいと、技術士として判断します。

アルカリイオン水は健康に良い

図2‐5に示すように、整水器によって酸性水とアルカリイオン水に電気分解された水が健康に良いと、かつて注目されました。アルカリイオン水は、「慢性下痢、消化不良、胃腸内異常発酵、制酸、胃酸過多、に有効」であると、旧厚生省のお墨付きもありました。ただし、高血圧、アトピー、認知症が治る、ガンに効果があるなどと業者が宣伝すると、薬事法により問題があると、旧厚生省から指摘され、改善を求められたそうです。また、酸性水はアストリンゼント水（洗浄水）に使用でき、肌にやさしいと、いわれてきました。しかしこれらも学術的根拠が乏しく、疑問視される向きも多かったのです。

しかし最近は研究が進み、アルカリイオン水は前述のお墨付きに加え、便秘改善（東北大学農学部）、脂肪沈着抑制（東北大学農学部）、血圧上昇が有意に減衰、老化予防効果（埼玉医科大学）等が報告されています(1)。さらに、テキサス大学では、アルカリイオン水が免疫細胞の増加に働き糖尿病やリウマチに良いと報告されています。また、胃粘膜障害抑制、胃潰瘍の予防効果（京都府立医科大学）、子どものアトピー予防効果などが医学的にも確認されつつあり(1)、今ではアルカリイオン水は健康に良いと言ってよいと思われます。

名水と健康問題の権威、藤田紘一郎博士（ドクター）もこれらアルカリイオン水の健康増進効果を認めておられ、水による健康維持のためのアルカリイオン水の健康飲用レシピを推奨しています(5)。それは、朝と就寝前（コップ一杯）の軟水のアルカリイオン水、日中はエビアン水などの硬水の水を、ちびりちびり飲むという、医学的な水飲み健康法で

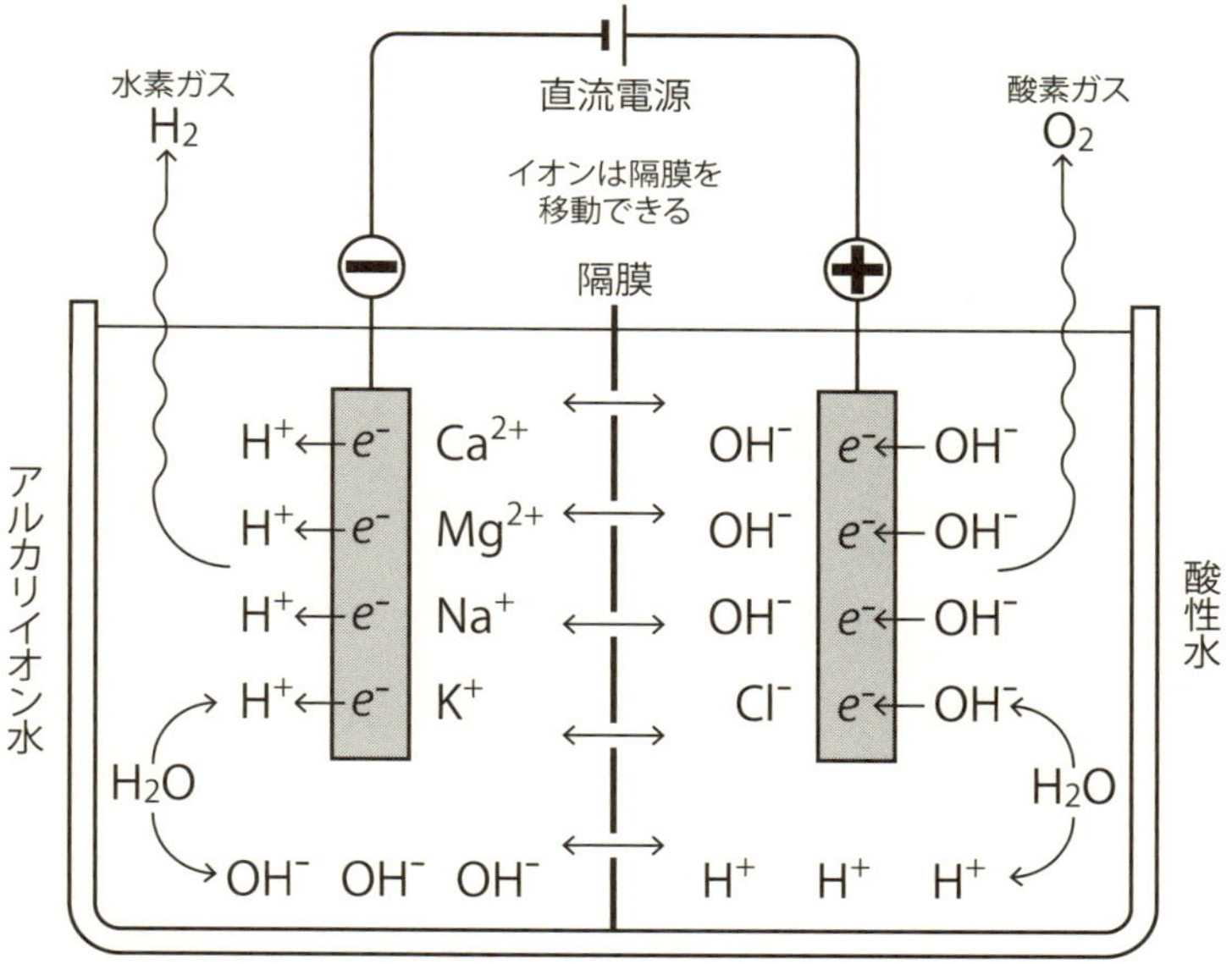

図 2-5　電気分解でアルカリイオン水と酸性水ができるしくみ。水（H_2O）が H^+ と OH^- に分解され、陰極（－）に水に含まれる Ca^{2+}、Mg^{2+}、Na^+、K^+ が集まり、硬度が少し上昇。H^+ と e^-（電子）で水素発生。OH^- が増え、アルカリ性水となる。陽極（＋）では OH^- から e^- が奪われ酸素発生。H^+ が増え、酸性水となる。

す。

一方、酸性水は、pHが一・二～二・〇と低く、殺菌力があります。この殺菌力は次亜塩素酸によるものです。厳密に言えば塩素消毒と同じですが、塩素系、その他の消毒薬剤添加に比べ、肌にやさしいという体験談も実は多いのです。実際、医療機関では歯科や医科、手術後の殺菌にも使われて、良い効果を得ているところも多いようです。酸性水が肌の健康維持に良いという経験談も多くあり、酸性水の有効性も科学的に認められているようです。

ただ、アルカリイオン水は主に水道水を整水器で電気分解してつくるものが大部分で、水道水には、地域、場所により、微量とはいえ健康に良くない多くの有害成分が混じり込んでいることも多いのです。その点、天然水の清冽なアルカリイオン水であれば、前述の医学的効果がより引き立てられるので、健さんは、天然水由来か、天然のアルカリイオン水の飲用をお勧めしています。後述しますが、天然アルカリイオン水は全国にあり、広島にもアルカリイオン天然水（宝積飲料）が市販されています。健さんも好んで飲んでいます。

スポーツと名水（1）　熱中症と名水

スポーツなどにより激しく発汗する時や、熱中症などで、脱水症状に陥る時があります。この時は、水の補給は、ナトリウムを少し含むミネラル水が良いことが知られています（図2－6）。市販のスポーツドリンクはこれらをよく考えてつくられていますので、スポーツ時には軟水でなく、スポーツドリンクが必要でしょう。特に熱中症の時などに軟水を飲ませると、血液中のナトリウム濃度が低下し、余計に脱水症状がひどくなることが知られています。これは注意すべきことでしょう。

　最近は高齢者が熱中症になる事例が増えていますが、トイレを気にしてあまり水分を摂取しなかったり、暑さを感じにくくなっていることが、その原因のようです。高齢者には、熱中症予防として、できれば軟水でなく、硬水または中硬水の飲用を勧めることも重要と思われます(1、5)。

　また、飛行機や車中で長時間同じ姿勢をしていることによる〝エコノミークラス症候群〟も話題になっています。じっとしていることで血管の中に血栓が生じ、心臓や脳の血流が障害されるものです。血栓防止のサポーター等の紹介や、座っていても運動をすること、また、水分も多く取るようにと、よくパンフレットなどに出ています。この水もバイオ的、生化学的立場から考えると、軟水よりもカルシウム、マグネシ

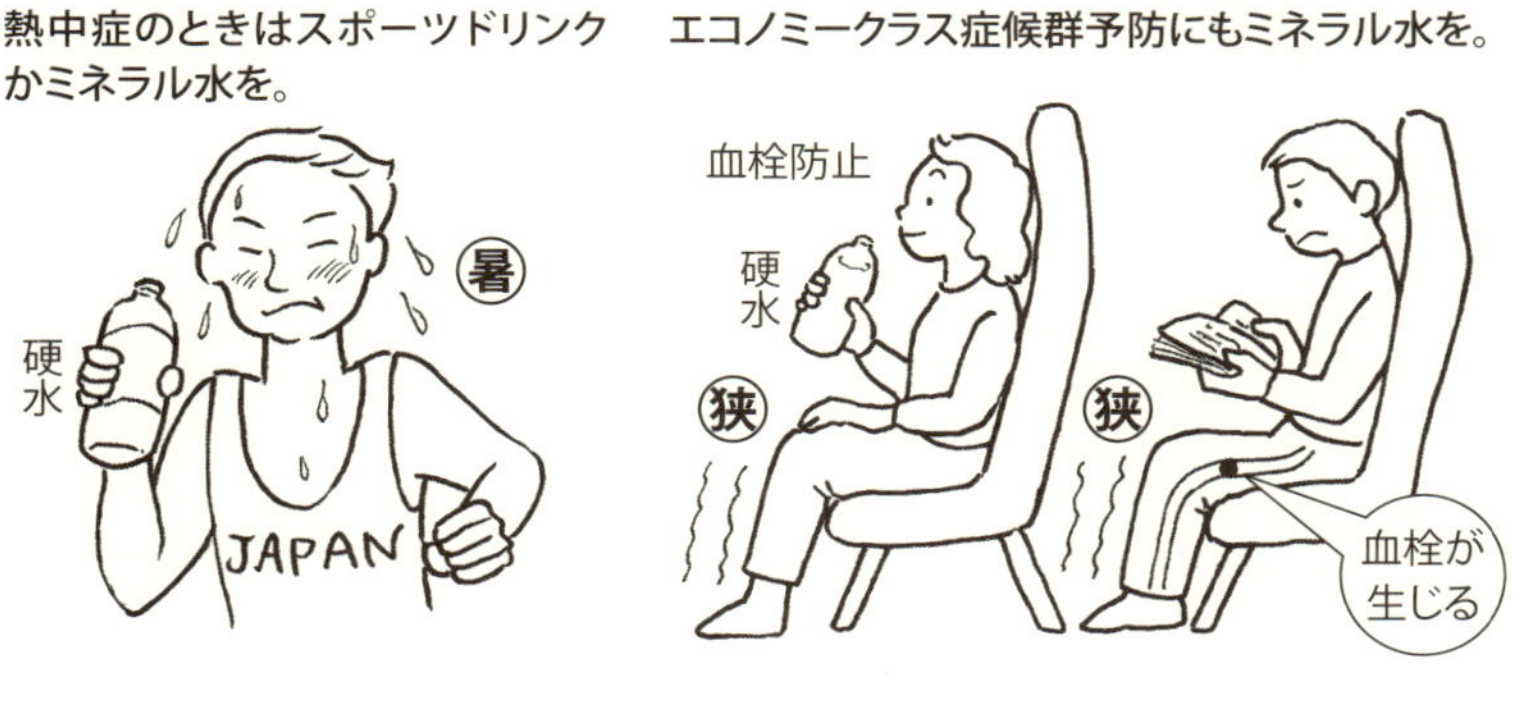

熱中症のときはスポーツドリンクかミネラル水を。

図2-6　熱中症時（発汗の多いとき）やエコノミークラス症候群予防には中硬水や硬水を。通常の水分補給には軟水でよい。

ウムの多い中硬水、硬水が、血液の流れを整えるので良いように思われます。医学的なデータ表示はまだないようです。外国ではミネラル水が当たり前ですが、わが国には軟水、超軟水の市販ペットボトルが多いので注意が必要です。中硬水がない時は、軟水でも少量ずつ飲ませ、発汗で失った水分を供給することが重要です。また、涼しくして体温を低下させることも重要です。

スポーツと名水（2）水泳と硬水、軟水

二〇一六年のリオデジャネイロオリンピックでは、日本の水泳陣は大活躍、メダルラッシュでした。競泳で金二つ、全部で七つのメダル、シンクロも銅二つで、誠に素晴らしかったですね。これらわが国の水泳陣の大活躍は、むろん選手をはじめコーチ陣、スタッフたちの努力と後援者たちの頑張りの成果ですが、健さんは、リオオリンピックのプールが、たぶん硬水で少し汚れていたことも、それを後押ししたと思うのです。一見きれいなようで、水中カメラの映像から水の汚れが水質のプロにはわかるのです。あの透明度の低さ（微小濁り、有機物？）は何だと。国際大会としてはかなり低いレベルの透明度でした。広島の宮島水族館のエイの泳ぐ大水槽のほうがエイ（良い）です。設営等で種々手抜きが多かったようですが、水質浄化もコスト削減で手抜きしたのでしょうか。薬品不足で一日で藻が異常に繁殖し、青緑に変色したプールもありました。プールに行くと「池のにおいがした」、「ザリガニのにおいがした」、「目がちかちかした」という競技者の証言もありました。おそらく硬度は

二〇〇mg／L以上の中硬水か硬水で、鉄やマンガンの多い水質であったと推定されます。一～二日で藻が異常繁殖することは、軟水ではまず起きにくい現象です。硬水での鉄やマンガンの存在は、藻類の増殖を非常に促進します。

ところが、そんなプールが、今回は日本人には良かったのかもしれないのです。というのは、軟水のきれいなわが国のプール（硬度は二〇～六〇mg／Lくらい）で猛練習を積み、いきなり硬水で泳ぐと、泳ぎやすいと感じる競泳者もいるからです。海水で体が浮き、泳ぎやすくなる現象に近いでしょう。加えてわずかな藻（濁り）も、軟水に慣れた小柄な日本人には、ひとかきに力が入ったに違いありません。コンマ何秒を争うのに、少しの水の粘度（有機物濁り）の違いが、ひとかきやキックの力の伝達に好影響を及ぼしたようなのです。硬水に慣れた大型の外国人選手にはさほど影響はなかったと考えられます。女子二〇〇メートル平泳ぎ金メダルの金藤理絵選手のように小柄な人ほど、この効果は出るものと考えられます。金藤選手は大変な努力家で、広島の庄原《しょうばら》・三次《みよし》の軟水で育った、軟水人間だから、それらが相乗効果で金メダルが取れたのかもしれません（後述、7章）。

かつてオリンピックでいきなり好成績を上げた〝前畑ガンバレ〟の前畑秀子選手（ベルリン大会）や青木まゆみ選手（ミュンヘン大会）、中学生で金メダルを獲得した岩崎恭子選手（バルセロナ大会）など小柄な選手は、もちろん本人の力が一番ですが、軟水から硬水水質への変化も大記録へ奏功したに違いないと、水質のプロは、つれづれケンコー（健考）するのであります。

病気に良いと言われる名水

ただの水で健康になるなんてあり得ないとよく言われますが、いえいえ、わが国には飲んで健康に良いという水が、温泉水を含めてたくさんあるのです。多くの情報がありますが、信頼できる亀山孝一郎博士（ドクター）と健康ジャーナリストの朝倉一善氏、およびヤマケイガイド編集部による著書から、科学的に妥当と思われる名水の記述を選び、表2‐2にまとめています。

ウヒョー！　と思われるくらい、病気に効くと言われる名水があります。ただし、これらはお薬のように絶対的な医学的のデータのあるものではありません（一部はありますが）。歴史的由緒、言い伝え、経験談等も含まれています、いや大部分です。しかし、長年このような伝承があることは、何か効能があるものと思います。表2‐2は、温泉水でも飲む水に特化してまとめています(10、11、12)。飲用でインヨー！

例えば、有名な玉川温泉や三朝《みささ》温泉（写真2‐3、2‐4）、増富《ますとみ》温泉のような、ガンに効果のあると言われる温泉群や、これまた有名な、三大胃腸の名湯と言われている、寝々《がが》温泉、四万《しま》温泉、湯平《ゆのひら》温泉の胃腸病に良い名水でも、医学論文でよく使われる二重盲検法という、先入観を排除した医学的調査は難しく、確実なデータはないようです。しかしながら、江戸時代からの言い伝え、経験から、ホテルがとれないほどガン患者が湯治に来ているという現状があることも事実です。何もなければ、長期間このようなことが続くことは決してないものです。

表2-2　飲んで病気に良いといわれる天然の名水、温泉水

ガン	玉川温泉＊（秋田）、鷲倉温泉（福島）、奈女沢温泉＊（群馬）、増富温泉＊（山梨）、硯水泉（静岡）、三朝温泉＊（鳥取）、湯の山霊泉＊（広島）、塚野温泉（大分）、アルカリイオン水きりしま（鹿児島）
胃腸 消化器病	カルルス温泉＊（北海道）、玉川温泉＊（秋田）、峩々温泉＊（宮城）、鷲倉温泉（福島）、大金温泉（栃木）、塩原元湯温泉（栃木）、四万温泉＊（群馬）、川浦温泉（山梨）、増富温泉＊（山梨）、釜沼温泉（長野）、初谷温泉（長野）、奈古谷温泉（静岡）、観音温泉（静岡）、畑毛温泉（静岡）、中宮温泉＊（石川）、穴の谷の霊水＊（富山）、龍神温泉＊（和歌山）、三朝温泉＊（鳥取）、比田の湯（島根）、長湯温泉＊（大分）、湯平温泉＊（大分）
心臓 動脈硬化	奈女沢温泉＊（群馬）、岩下温泉（山梨）、川浦温泉（山梨）、畑毛温泉（静岡）、四国カルスト天然水（愛媛）、長湯温泉＊（大分）、アルカリイオン水きりしま（鹿児島）
アトピー性 皮膚炎	玉川温泉＊（秋田）、中山平温泉（宮城）、五色水（福島）、大金温泉（栃木）、四万温泉＊（群馬）、浅川温泉＊（茨城）、増富温泉＊（山梨）、岩下温泉（山梨）、硯水不動尊の霊水（山梨）、初谷温泉（長野）、角間温泉（長野）、奉納温泉（長野）、釜沼温泉（長野）、信州いいだ温泉（長野）、硯水泉（静岡）、中宮温泉＊（石川）、帰り山観音延命水（福井）、湯の山霊泉＊（広島）
糖尿病	カルルス温泉＊（北海道）、玉川温泉＊（秋田）、浅川温泉＊（茨城）、大金温泉（栃木）、奈女沢温泉＊（群馬）、増富温泉＊（山梨）、奈良田温泉（山梨）、はやぶさ温泉（山梨）、富士浅間神社の霊水（山梨）、釜沼温泉（長野）、小谷温泉（長野）、信州いいだ温泉（長野）、硯水泉（静岡）、奈古谷温泉（静岡）、龍神温泉＊（和歌山）、三朝温泉＊（鳥取）、湯の山霊泉＊（広島）
神経痛 痛風 リュウマチ	五色水（福島）、奈女沢温泉＊（群馬）、四万温泉＊（群馬）、浅川温泉＊（茨城）、釜沼温泉（長野）、中宮温泉＊（石川）、穴の谷の霊水＊（富山）、帰り山観音延命水（福井）、龍神温泉＊（和歌山）、三朝温泉＊（鳥取）、比田の湯（島根）、湯の山霊泉＊（広島）
便秘	浅川温泉＊（茨城）、硯水不動尊の霊水（山梨）、釜沼温泉（長野）、奈古谷温泉（静岡）、長湯温泉＊（大分）

文献 (10)、(11)、(12) より抽出。温泉水は、飲んで良いという効能に絞って記載。予備的情報であり、学術的に効能が確立されたものではない。＊は、歴史、言い伝え、現状より効能が期待される。

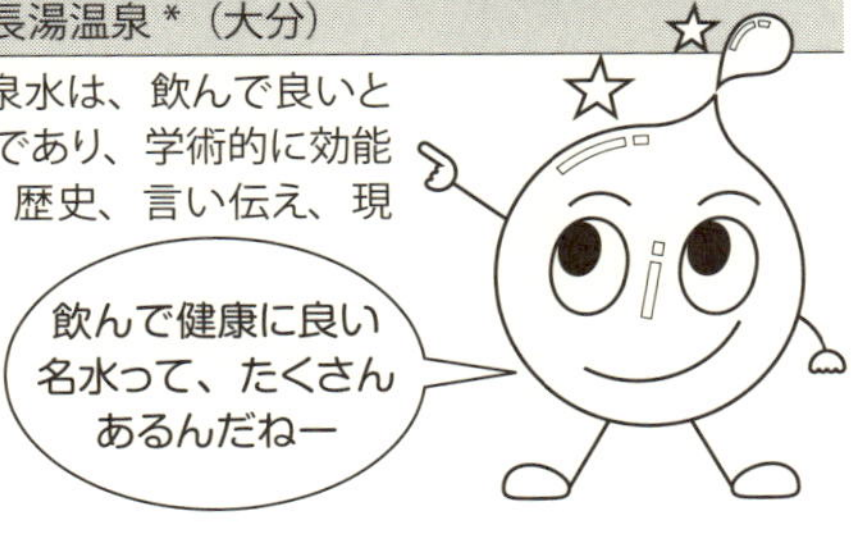

写真 2-3　三朝温泉（飲泉と入浴泉）。ガンに良いと、玉川温泉と並びわが国では有名。

写真 2-4　三朝温泉源泉（左の屋形、飲用）。ラジウム（ラドン）泉。

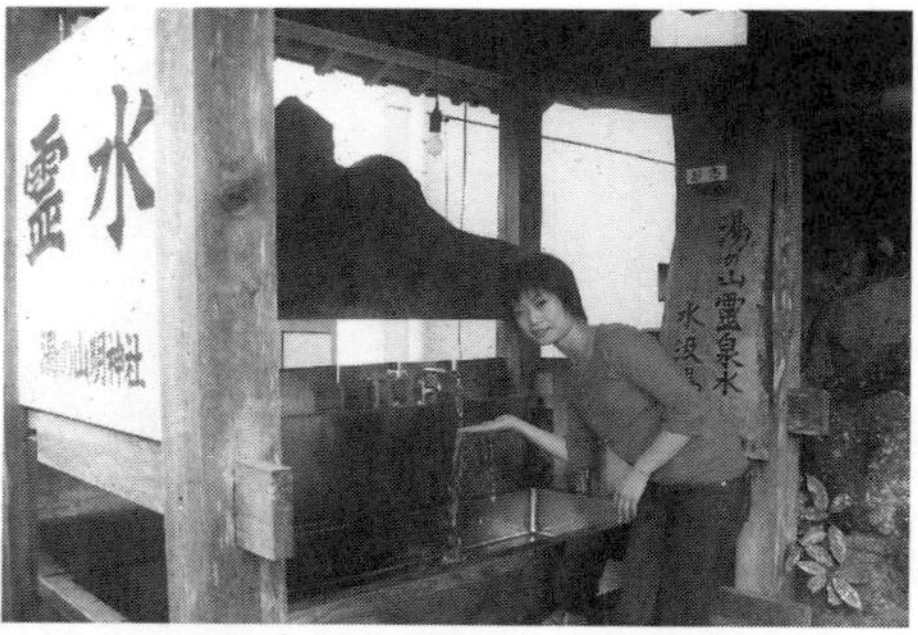

写真 2-5　湯の山霊水。広島最古の温泉（ラドン泉）で、泉質は三朝温泉とほぼ同じ。

表2‐2の中で＊をつけたものは、古くからの実績があり、現在でも多くの人々が治療に訪れると言われる水や温泉です。ただすべて、医学的に確かなものではありませんので、それぞれ予備情報として読んでいただき、関心があればホームページや観光協会などに問い合わせて、各自納得していただいたうえで利用されることをお勧めします。

ここで健さんが言いたいことは、水や温泉に関して、健康、ガンの予後などを論議したり紹介されるお医者さんは現在非常に少ないのですが、水にも健康、病気治療に重要と言われる事実、経験、言い伝えもあるよ、ということです。病気は手術、薬、運動、物理、食事、メンタルで治す以上に、水もありますよ、と。特に慢性病については。

私は昔から体が弱く、慢性の腎臓病で、また、小腸ガン、中皮腫など三度の厳しい大病を患って、今、何とか生きています。温泉や水の医療効果は、どのお医者さんも言ってくれません。たずねてもあいまいな返事ばかり。水が健康に大きく影響することは、私の自らの人体実験により、今は健さんは確信を持っています。

ラドン水は健康に良い

広島には花崗岩質の土質が多く、湧水や井戸水にラドン（Rn・ラジウムの崩壊生成物）が混じっていることが多いです。ラジウム温泉も効能を示すのはラドンなので、ラドン泉と同じです。ラドンは気体で水のミネラルではなく、空気中に拡散しやすい成分です。ラドンが飛散《ひさん》しきった温泉に高料金で入浴ということは意味がなく、ヒサン（悲惨）なことです。

ラドンがよく溶け込んでいる水は、昔から目を洗うと眼病が良くなる、飲むと風邪を引かない、おなかの調子が良くなる、おならが臭くなくなる、汗疹に効果抜群、肌荒れ（アトピー）が良くなる、万病に効く、などの言い伝えがあり、江戸時代から引き継がれている湧水が、広島には結構あります。

表2-2のように、ラジウムを含むラドン含有水は、免疫を高め、ガンや痛風、胆石症や糖尿病など

様々な病気に効能があることが知られています。代表的なものが、玉川温泉飲用水や三朝温泉飲用水、増富温泉飲用水などで、多くの病気に効能ありとされていて、かつ、経験的な豊富な実績もあります。また、ヨーロッパではラドン浴は保険のきく、多くの病気の標準治療法になっているところもあります。有名なのがオーストリア、ガシュタイナー・ハイルシュトレンの洞窟ラドン浴です。ラドンは放射線を出しますが、ごく微量だと身体に良い（ホルミシス効果）という医学的報告は、たくさんあります(13)。

広島の場合、硬度二〇～三〇mg／Lの軟水でしかもラドン含有の湧水がけっこう多いのですが、これらは間違いなく健康に良い、と私自らの調査、取材で思っています。実際、私自身、五年前小腸ガン（ステージ3期）を患い、手術後、抗ガン剤投与と、このラドン水飲用を本格的に開始しました。自分に合う、ラドンが比較的高い名水が近所にあったからです。そこは、明治の頃から、汗疹、万病に効く霊泉と言い伝えが残っていて、ラドンは一〇マッヘ近くある、れっきとしたラドン温泉ですが（八・二五マッヘ以上で療養温泉）、軟水で、清冽、飲んでもとてもおいしい名水です。

つれづれケンコー（健考）で言えることとして、健さんのガンは何とか折り合っていること、ラドン名水飲用と入浴で抗ガン剤の副作用が比較的少なく済んだこと、諸ストレスが低減されたことです。食欲不振、吐き気、だるさ等はありましたが、ラドン水を飲用することと、さらに別のラドン温泉への入浴をほぼ毎日行うことで、なんとも言えず気持ちが良くなるのです。比較的副作用が軽く過ごせたように実感しています。実際、ラドン温泉を飲んで入浴した直後は、体が少し重く感じ、汗がスーと噴き出し、からだのほっかほっかが長く続きます。血液の循環が改善されているのを実感します。調査や取材の経験で、ラドン温泉が体に良く、免疫力を高めるとは以前から認識していましたが、私も自分自身ガン患者として、そのラドン泉効果を実感しています。小腸ガンの手術より五年以上経ちますが、何とか再発もなく現在に至っています。

広島のラドン温泉は、三朝温泉と水質は極めて近似

また特筆すべきは、広島藩浅野家が湯治に使った湯の山温泉（写真2‐5）も、軟水のラドン含有温泉で、江戸時代から多くの人が湯治に訪れていました。今もです。この温泉で注目すべきは、ガンや多くの病気に効能があると言われる三朝温泉と、水質的に極めて近似しているという事実です。ラドン量もほぼ同じか、むしろ高いラドン温泉も広島には数カ所ありました。主に、ナトリウム塩化物泉の部類です。健さんが三朝温泉の四つの源泉を分析調査した結果がそうです。

広島の温泉は独特のラドン温泉（透明、飲んでおいしい）ですが、ガンに良いとはほとんど言われていません。万病に効くとは言い伝えがあります。また、ガンへの効能を感じている一部の湯治客も、健さん自身を含め間違いなくいます。バイオ生化学的な考察から、広島のラドン温泉も三朝温泉のようにガンにも効能があるのでは、とつれづれケンコー（健考）しています。医学的に実証、検討してみたいものです。広島のラドン温泉が、第四の新規の〝ガンに良い温泉〟になるかも。

実は軟水名水が、わが国では健康名水

多くの研究者やジャーナリストは、カルシウム健康法やマグネシウムの効能や、世界の長寿村の水のことを例に挙げて、ミネラルの多い水こそ健康名水と主張されています。これは、有名なルルドの泉や世界中の長寿村での飲用水が、ほぼすべてカルシウムやマグネシウムの多い硬水であるといったところから、ミネラル水神話？　が生まれていると思われます。

現在でも、このミネラル水神話は生きていて、ナチュラル水の表示ではあまり売れないために、軟水の硬度の低い水なのに、わざわざ、ナチュラルミネラル水と表示を付け加えている水メーカーが多いのです。それほど日本人の、ミネラル水はおいしい、健康に良いという神話は今でも強いのです。

昔、ＮＨＫの生活情報番組「ためしてガッテン」で、我々の名水調査の統計処理から、「軟水が実は名水で、健康にも良い水もありますよ」と言ったところ、担当ディレクターが「ミネラル水こそおいしい、健康名水でしょう」と言って、放映ではカットされた経験もありました。中央の民放でもそうでした。ただ、私の軟水名水が健康名水という持論は、広島のローカル局の番組では大いに評価されました。軟水名水めぐりの準レギュラー番組を持っていたこともあり、健さんの名水紀行は結構テレビで評判でした（一〇〜二〇年前のこと）。最近では、今まで「硬水こそおいしく健康です」と強力に言っていた学者やジャーナリストたちも、軟水の良さに気づき始めているようです。事実、特に西日本では、軟水のペットボトル水の売り上げが急上昇しているのです。健さんが三〇年前から言っ

てきたことが、ようやく認知され始めました。特に赤ちゃんのミルクや高齢者（熱中症の時を除く）には軟水が良いようです。

軟水は健康に良い

軟水が健康に良いと言ってよい理由もあります。私の調査で広島や島根や鳥取の中山間地区の集落では、八〇～九〇歳を越えても元気なお年寄りが多いことに気がついたからです。しかも都市部と比べ、いわゆる健康老人が多く、寝たきりや動けないお年寄りの率が極めて少ないのです。皆、軟水の湧水や井戸水を生活用水に使っていました。世界の長寿村のようにカルシウムの多いミネラル水ではありません。空気が良く農業による運動の効果もあるでしょうが、これら山間地ではキノコ

写真 2-6　福井永平寺白山水（平成の名水百選）。この軟水を飲むお坊さんは健康で元気。特に長寿のお坊さんが多い。

や、果実、野草が豊富なことに加え、イノシシやウサギ、トリなど動物肉食も少ないながら行われ、食料危機に陥ることがありませんでした。今でも栄養バランスが充分とれ、軟水で充分健康な生活が送れているものと推定されます。

長年、野菜中心の食生活を基本にしていることも大きいでしょう。軟水でも、野菜から充分ミネラルや微量成分が溶出供給されているためと思われます。水も清冽で、有毒物質はまずありません。山間部で修行する永平寺や高野山など山の寺院でのお坊さんは、いわゆる軟水を飲用し野菜中心の食事ですが（ミネラル水はまずない）、健康で、長生きのお坊さんが極めて多いのも事実です。（写真２-６）。特に長寿の高徳なお坊さんが多いですね、歴史的にも現在でも。このことは、わが国の清冽な軟水が健康名水ということを間接的に示唆しています。

肉食系、西洋料理好みの人は水からカルシウム、マグネシウムを

飲用水や料理に使う水が軟水でも、完全和食ではミネラルは食事から充分に供給されているものと思われますが、肉食、牛乳や動物の乳を中心にしたカロリーの高い食生活には、カルシウムやマグネシウムが多量に必要になるかもしれません。現在、肉食や加工食品を多くとる都市部の高齢者では、寝たきりや認知症の方が比較的多くなってきており、カルシウムやマグネシウムの多いミネラル水を、健康維持のために、自《みず》から、ミズ（水）から、摂取することが必要になってきそうです。しかし、野

菜中心の和食の高齢者は、昔からの飲み慣れた軟水でおいしいと感じられる水こそ体に良いもの、と私は思っています。

外国の例を中心にした、ミネラル水の健康法情報や広告に踊らされる必要はないと実感しています。

軟水名水は美肌美人を育む

いろいろ調査をして歩くと、軟水名水、特に硬度の低い清冽な水のあるところでは美人が多いと感じるようになりました。秋田、新潟、山陰、中国山地、九州の山あいです。秋田、新潟に美人が多いことは一般的に有名です。特に肌が白くきれいな人が多い。これには熱心に研究されたお医者さんがおられ、日照時間が少なく、肌が白くなり美人になるためと結論づけられました。私は、これは一要因にすぎないと思っています。むしろ、秋田、新潟は、硬度の低い清冽な軟水が多いからと、つれづれケンコー（健考）しています。日照が少ない県では、美肌美人が多いとなるはずですが、一般論としてそれはないようです。また、昼は寝て夜うごめくことの多い、新宿歌舞伎町、大阪船場、広島流川では、日照不足で美人だらけになるかも？　美人の定義も様々ですが。

軟水は一般的に油分や有機物（汚れ）を溶出しやすく、軟水入浴では肌はすべすべ、美白になりがち。さらに清冽な軟水で野菜を料理すると、食物素材の生理活性成分が多く溶出し、吸収されやすく、ビタミンCをはじめとするビタミン、ミネラルの供給源になります。さらに、軟水と野菜中心の食事では、今はやりのプロバイオティクス（腸内微生物改善）もあり、より白さが引き立つようです。軟水だと腸の中の善玉菌が活性化され、便秘もなくなり、はつらつ肌と、見た目より健康的になるようです。秋田、新潟の雪解け水の軟水では、油、タンパク溶出力が強いために、より一層、美白効果が引き立つのでしょう。

川中（山梨）、龍神（和歌山）、湯の川（島根）の日本三大美人の湯は有名ですが、入浴後の白いすべすべ肌は、美女効果てきめん。つい、ふれあいたくもなります（美人度向上効果）。肌色の白い白人の多くは硬水を飲んでおり、近くで見るとけっこう肌の荒い人が多いです。しかし、ロシア東方の人は軟水飲用が多いせいか、肌が真っ白ですべすべの人が多いようで、造形が伴うと超美人となるように感じています。男性も同じく超イケメン、福山雅治もまっ青になるかも。まっ白ではなく。

客観的データはないのですが、私の長年の観察と水分析データからの、つれづれケンコー（健考）です。

コラム 容器にヨウ、キをつけて！

名水の採水場所に行くと、たくさんの人が群がって名水を汲んでいますが、一度にたくさんの水を汲むために、五～一〇リットルのポリ容器がよく使われています。ところが、我々が調査したところ、ほとんどの人（ほぼ九〇％以上）のポリ容器の底から、多くの細菌（バクテリア）が検出されました。中には緑色の藍藻も多く認められたのです。水に含まれるわずかな有機物で、細菌や藍藻が繁殖したからと思われます。

　ポリ容器は冷蔵庫に入らないので、台所の隅などで保管されることが多いようです。夏だと三〇℃をゆうに超すので、一～二日でせっかくの菌のいない名水でも、雑菌うようよ。日光が当たると藍藻も急生育。せっかくの名水も、渋い、おいしくない水になってしまいます。ポリ容器の内面は、けっこうでこぼこしていて、菌が居座り、洗ってもなかなか落ちにくいのです。水道水でよく洗い、逆さにしてよく乾燥させたポリ容器ならいいでしょう。容器によう気をつけて！　ヨウ、キをつけて！

　採水には水道水（塩素あり）でよく洗った、二リットルのペットボトルを使用して、冷蔵庫で保管することをお勧めします。ちゃんと洗ったきれいなペットボトルなら、菌のいない名水だと冷蔵庫で一～二カ月は安定です。念のため、汲んで持ち帰った水は煮沸して飲んだほうが安全かもしれません。、また、ジュースやお茶が入っていたペットボトルは、ふた（栓）の内面が有機物で汚染されているので（雑菌がいることが多い）、ふたも塩素のある水道水でよく洗ってから再利用してください。

　ふたがよくないと、ミ（水）もフタもない、のです。

八ヶ岳南麓高原湧水群（山梨県北杜市、名水百選）
八ヶ岳南麓高原湧水群のうち、この三分一《さんぶいち》湧水は三つの村が均等に享受できるように武田信玄が水路を三つに分けたと伝わる。超軟水に近い、わが国を代表する軟水名水の一つ。

まつもと城下町湧水群（長野県松本市、平成の名水百選）
松本の城下町には、至るところに中硬水の名水が湧いている。国宝・松本城の堀池の水も中硬水だった。

3章 食品と名水

宗祇水（白雲水）（岐阜県郡上市、名水百選）
郡上八幡に湧く宗祇水は名水百選第一号に選定された、超軟水に近い、まれに見る軟水名水。市街地にある湧水でも菌がいなくて、とてもおいしい。

宗祇水は
わが国を代表する
軟水名水の一つだよ。

スイ・メイちゃん

「はじめに」に書きましたが、水は表5（5ページ）のように、超軟水（硬度一五mg／L以下）、軟水（一五・一～五〇mg／L）、中硬水（五〇・一～一五〇mg／L）、やや硬水（一五〇・一～二五〇mg／L）、硬水（二五〇・一mg／L以上）と、硬度に大きく違いがあります。このことを思い出しながら、以下を読んでください。一般に言う硬度一〇〇mg／L以下を軟水という定義では、食品にかかわる水の良さや伝統食文化が表現できない（わが国の水の実態に合っていない）からです。

和風料理のだしには硬度の低い軟水が良い

昆布やかつお節でだしをとる時、軟水だとだしがよく出ますが、中硬水や硬水だとだしが出にくくなります。これは市販のミネラル水を使って実験すると、よくわかります。中硬水や硬水だと、だしの表面のタンパク質が、カルシウムやマグネシウムにより固まってしまい、だしやうまみ成分が水中に溶け出てこないからです。これは「塩析《えんせき》」という現象で、豆腐ににがりを入れて固めるのと同じ理屈です。軟水だと表面のタンパク質が固まりにくく、だしがすっきりと出せるのです。

図3‐1に、このメカニズムを模式的に示します。カルシウムやマグネシウムの水中の量が、だしの出方のポイントとなります。さらに、実際、軟水と硬水でのだしの出方、すなわちアミノ酸の出方の違いを図3‐2に示します。軟水のほうが、アミノ酸やペプチド（だしのうまみ成分、ニンヒドリン反応で表示）が、よく水の中に出ているのがわかります。だから、和風料理には軟水か、できる限

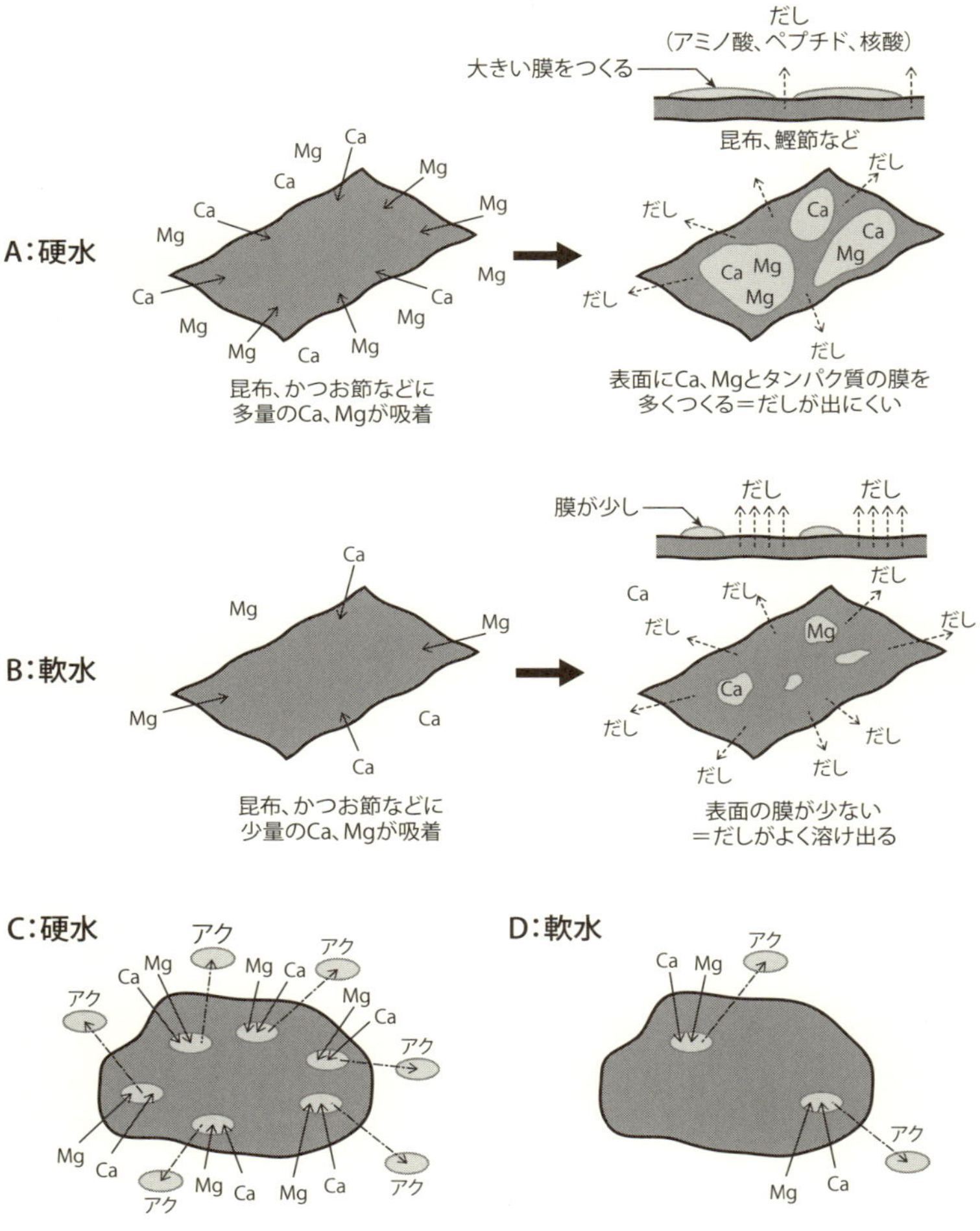

図 3-1　硬水と軟水によるだしの出方の違い（A、B）。また硬水と軟水による食品素材からのアクの溶出の仕方の違い（C、D）。Ca、Mg が多いと、アク（タンパク質＋脂肪＋ Ca、Mg）が多くでき、溶出しやすい。

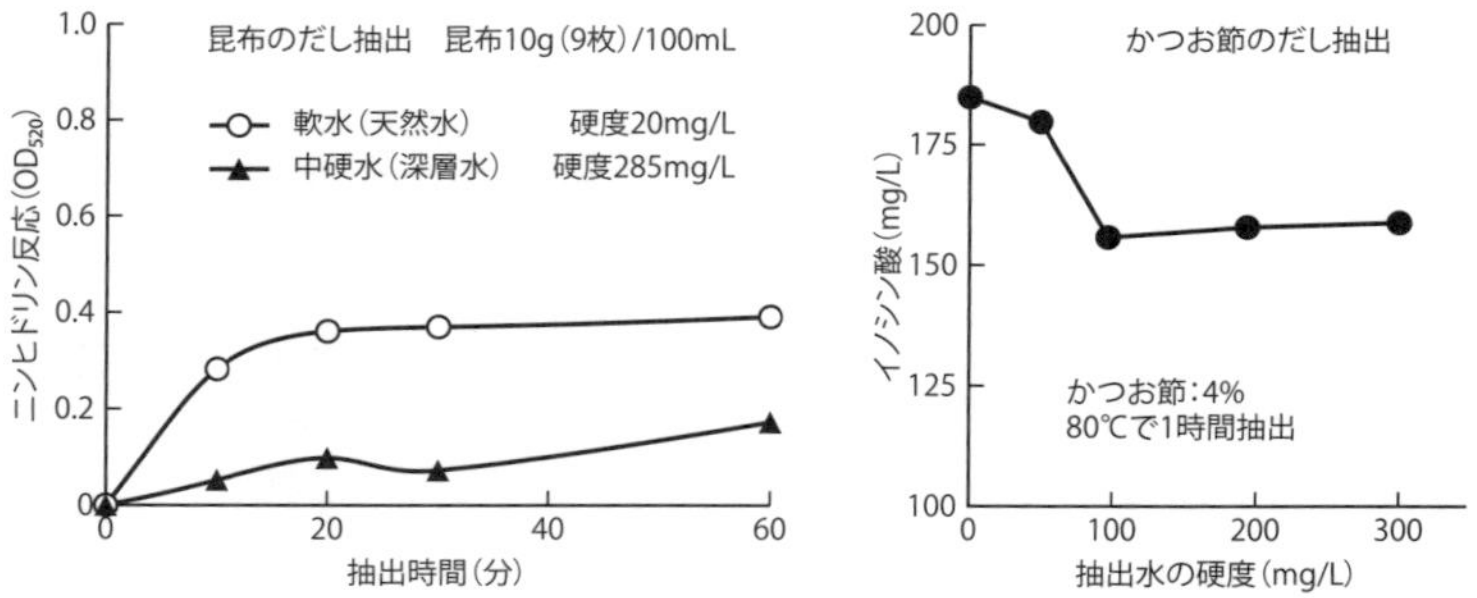

図 3-2　だしの溶出と水の硬度。ニンヒドリン反応は溶出アミノ酸とペプチドの量を光学濃度（OD）で示す。イノシン酸は、かつお節うまみ成分（核酸）。

り硬度の低い超軟水で、きれいで鉄分の少ない水が適しており、おいしいすっきりとした、だしがとれるのです。こういう水だと、おいしい薄味も可能となります。一方、中硬水や硬水だと、おいしい薄味が出しにくいのです(1)。

一流の日本料理の板前さんはこの微妙な水質にすごくこだわり、硬度二〇mg／L以下の水しか使わないという料理人も多くいます。また、硬度の高い硬水しか手に入らない外国では、真のまじめな日本料理をつくるには、ペットボトルで売られている軟水を使うという話もよく聞く話です。私もシドニーでの単身赴任時、料理には必ず軟水のペットボトル（ニュージーランド産）を使った経験があります。

ただ、一般に外国の方は日本の薄味にはなじみが少ないので、硬水で濃いだし（濃い目の和風料理）や化学調味料でも満足される向きも多いのです。また、硬水でじっくり長時間だしをとってもそれほど気にならない、という話もあります。和風料理やにぎり寿司にマヨネーズをかけて食べる外国人（日本人？）も多い現状ですから。

そば名人、高橋邦弘氏は軟水名水を求めて広島へ

讃岐うどんや信州そばなどの麺打ちにも、軟水の名水が良いと言われています。ミネラルが少ないと小麦やそばに含まれるグルテン（タンパク質）が固まりにくく、しっかり長く麺を打つことができ、麺にコシが出るものと思われます。硬水だとコシの弱い、ぱさぱさの麺になるようです。さらに、つゆのだしにも軟水がふさわしいからです。

有名なそば打ち名人、高橋邦弘氏は、信州でそば店を開業していましたが、より新天地を求めて、広島県豊平《とよひら》町にそば打ちどころ、「達磨《だるま》」を開店しました。名水博士の健さんは頼まれて、高橋氏のそば用の井戸水を分析しました。硬度二〇mg／L以下の超軟水に近い、清冽な名水でした。ご自身、「この水に出会ったから、ここに来た。これこそ真の名水」とおっしゃっていました。高橋氏の指導によりそば打ち道場もでき、豊平町は、広島でもそばの名所、そば処《どころ》となったのです。

残念ながら、高橋氏は「豊平での、そばの普及は完成した」、と、二〇一四年（平成二六年）、九州の新天地へ拠点を移されました。

水の硬度と調理の関係

ここで、調理における適正な水の硬度について紹介しましょう。ただ、硬度も重要ですが、実際、

特に有機物、鉄、硝酸イオン等が多いと雑味が先に立ち、硬度も関係なくなります。これらは極力低いほうが良いのです。有機物一・五mg／L、鉄〇・〇二mg／L、硝酸イオン二・〇mg／L以下がお勧めです。

表3－1に、調理と適正な水の硬度をまとめました。ただ、これは科学的な統計解析を行ったものではありません。和食レストランマスター、料理人、主婦等の聞き取り調査より、つれづれケンコー（健考）しました。味は好みなので、予備的水情報として読んでください。

豆腐や和菓子は中硬水が良い

和風料理でも豆腐や豆腐料理には、軟水でなく中硬水が適しているようです。京都の有名な豆腐料理店の水は、硬度八〇mg／L程度の中硬水であることが多く、広島でも尾道《おのみち》は珍しく中

表 3-1　調理に適正と思われる水の硬度

	硬度（mg/L）	コメント
和風だし	10 ～ 30	短時間でだしを取るほうがすっきり味
緑茶、料理一般 コーヒー	10 ～ 50	より軟水のほうが香りが良い。コーヒーはアメリカン。豆によっては、もっと高いほうが良い
紅茶	10 ～ 50	わが国でつくられた紅茶用。ただ、外国産輸入のものは中硬水が良い
ご飯	30 ～ 70	硬度が高いとふんわり・ふっくら、低いと軟らかめ
豆腐	60 ～ 120	軟水では軟らかくなる
パン	60 ～ 120 （20 ～ 50）	ふっくら、こくのあるパン もちもち系の軟らかいパン
しゃぶしゃぶ	60 ～ 120	味を中に封じ込める
洋風だし カレー、シチュー	150 ～ 300	硬度が低いとアクが取りにくい。味を中に封じ込める
水割り、お湯割り	ウイスキー 60 ～ 120 焼酎 10 ～ 30	好みによる。これらは一例
ダイエット 便秘解消	1000 ～ 1500	体調に合わせて

硬水の出る地域ですが、豆腐が京都と共においしいことで有名です。硬度六〇～八〇mg／Lの中硬度で、きれいな水（もちろん鉄は低い）でつくった豆腐が特においしいようです。

理由は、軟水だとにがりを入れた時に分散しにくく、硬いところと軟らかいところが極端になりやすいのですが、その点、中硬水ではしっくり均一に、にがり成分が豆乳に分散、浸透できるようで（図3-3）、食感が良くなります。また、水さらしの時にも、図3-1の、だしの水中への溶出のように、表面を固め、豆腐内部にうまみを封じ込める作用もあります。

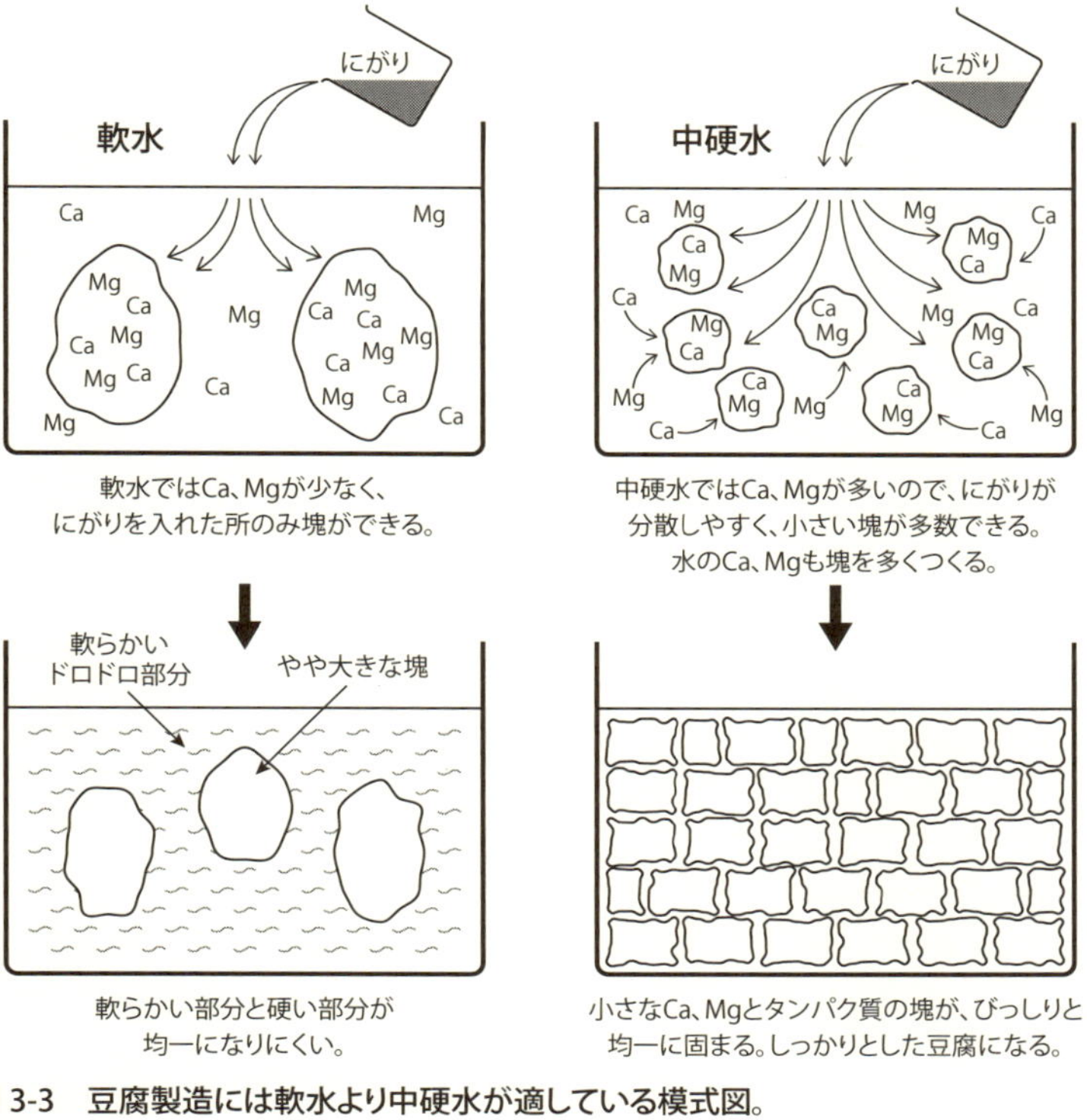
にがり
軟水
Ca
Mg
軟水ではCa、Mgが少なく、
にがりを入れた所のみ塊ができる。
軟らかい
ドロドロ部分
やや大きな塊
軟らかい部分と硬い部分が
均一になりにくい。
にがり
中硬水
中硬水ではCa、Mgが多いので、にがりが
分散しやすく、小さい塊が多数できる。
水のCa、Mgも塊を多くつくる。
小さなCa、Mgとタンパク質の塊が、びっしりと
均一に固まる。しっかりとした豆腐になる。

図 3-3　豆腐製造には軟水より中硬水が適している模式図。

軟水だとうまみが水に溶け出し、外に出て行ってしまうようです。

和風料理で有名な京料理や京の和菓子は、中硬水の産物でありましょう。京都は昔から地下水が豊富ですが、清水寺などの東山山系以外は、軟水ではなく五〇～一〇〇mg／Lの中硬水（地下水）を使って和風料理が発展してきたものと思われます。京料理や和菓子は軟水の産物と思っておられる方が多いようですが、実は中硬水での産物なのです。これは、京都盆地の地質が古い時代の沖積層という粘土質で、そこからミネラルが溶出するからです。

京都市街地にある江戸時代から続く有名和菓子店の井戸水は、硬度八〇mg／Lくらいの中硬水でした。京の漬物がおいしいのも、中硬水で生育した野菜に中硬水での乳酸発酵が促進され、酸味とうまみ（アミノ酸と核酸）がうまくミックスされているからだと思います。京都の味覚は軟水ではなく、中硬水による味覚なのです。

京都の高級料亭で長年修行し、広島で和食料理店を開業している、ある料理人の方は「京都は水が硬くて良くない。広島の軟水のほうが、良い和風懐石料理ができる」と明言されていました。

西洋料理には硬水

一方、西洋料理には硬水や中硬水のほうが適しているようです。カレー、シチューなどは、硬水のミネラルが肉や素材の表面タンパク質を固め、味を封じ込めるためです。また、不要な雑味（タンパク質、脂肪）はアクとして取り除きやすいので、おいしさが引き立つのです。図３‐１の下の図に、この硬水でアクがよく取れるメカニズムを模式的に示しています。

パンは硬水

パンには硬水が適しています。これはお酒の発酵と同じで、酵母の発酵が硬水のミネラル分で促進されて二酸化炭素が多く発生し、焼いた時に大き目の空隙となって、独特な食感が生まれるからです。また、酵母がよく発酵しているので、うまみ（アミノ酸、核酸）を多くつくり、おいしいのです。フランスパンなどは典型的な硬水のパンです。硬いので、歯を折らないようにご用心！　硬水でなくても、中硬水のパンでも同様に発酵が進み、充分おいしくなります。

しかしながら、日本でのパンは、軟水発酵が多いせいか、ふっくら軟らかなパンも好まれる傾向もありました。

タカキベーカリーは軟水パンで大成長

広島のタカキベーカリー（アンデルセン、旧名・タカキのパン）は、四〇～五〇年前は、小さなパン屋に過ぎませんでした。広島郊外、瀬野川《せのがわ》沿いに工場を建ててから急成長しました（写真3‐1）。この現在の瀬野川工場の地下五～一〇メートルには、清冽な軟水（硬度約二〇㎎／L程度）が、豊富に伏流水として流れています。かつてここに旧瀬野川があった名残です。この軟水で発酵製造した、もちもちした食感のパンが広島人には大人気で、会社も大成長したのでしょう。軟水だとミネラルが少なく発酵が緩慢になり、二酸化炭素の発生が少ないため焼いた後の気泡が小さく、しっとり餅様のパンに仕上がったのです。広島人は昔、食パンをご飯の代わりと位置づけていましたので、味も薄味で充分でした。保守的広島人には、この軟水醸造の味がヒットし、大成長の一要因になったのでしょう。まさに、軟水の〝水の商売〟ですね。

健さんが広島大学発酵工学科を卒業した頃（一九七二年）は、タカキのパンと言えば、大学でスポーツやクラブやマージャンばかりやって、あまり勉強をしていない（私も含め）低成績学生も拾い上げてくれる就職先として、学生間では人気でした。高度成長の時代、成績優秀者はキリンビール、東京の協和発酵、資生堂、住友化学など、有名大企業にどんどん就職できた時代でした。私は剣道ばかりやってほとんど勉強せずに学生時代を過ごし（剣道部主将、三段）、卒業も危ない状況でタカキのパンを第一志望としていましたが、幸い、たまたま受験した酒造会社が拾ってくれたので、タカキのパンには行きませんでした。

当時は今の冷凍生地の技術などがなかったため、深夜に軟水でパンをこね、ひたすらこねて焼いて、早朝トラックを運転し、

写真 3-1　タカキベーカリー（アンデルセン）瀬野川工場。地下に清冽な軟水名水が伏流水として流れ、軟水パンで急成長。

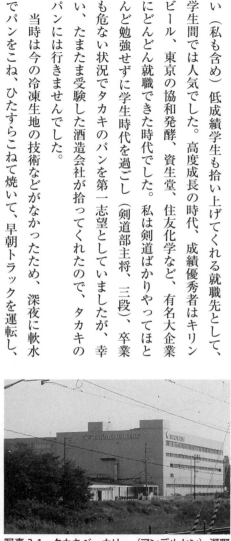

お店に配送するという体力仕事でした。タカキのパンに拾ってもらった先輩や後輩たちは今ではずいぶん出世して、数年前までは多くは幹部として、アンデルセンの運営、東京や海外進出などに大活躍していました。失礼ながら、学生時代あまり勉強をしていなかった彼らは、会社入社後、ゆっくり、じっくり粘り強く、軟水を汗に変え働き、今、花開いているのです。典型的軟水人間（後述、7章）であったようです。

今ではタカキベーカリーは、京都大学大学院卒でも入社が難しいといわれるエリート大企業です。

お茶には軟水。軟水のみを使う、上田宗箇流茶道

広島では、「上田宗箇《そうこ》流」（上田流）というお茶の流派が昔から有名です。上田流は千利休、古田織部《ふるたおりべ》、上田宗箇と続く直系の武家茶道で、宗箇は戦国武将でもあり、広島藩の家老をも務めました。そのお茶の流派が今に伝わっています。上田流では極力、軟水の名水を使います。

上田流がかつて初釜に使った名水、岩船の水（廿日市《はつかいち》市浅原）（写真3‐2）は、今でも超軟水の典型的な広島の名水で有名です。広島市古江《ふるえ》東町の上田流本家、和風堂にも軟水の名水の井戸があ

写真3-2　岩船の水。上田宗箇流茶道が初釜に使っていた超軟水の名水中の名水。

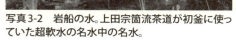

り、今でも大切な茶会ではこの井戸水を使っておられるようです。健さんは「まれにみる清冽な軟水名水」と鑑定し、上田宗冏《そうけい》、現お家元も安心して使っておられます。

ところで、私は上田流の人々が使う水を調査分析してみて、あることに気づきました。多くは、硬度五〇mg／L以下の軟水か超軟水で、有機物や硝酸態窒素、鉄の極めて低い、とても清冽な水であったのです。これは広島市中では珍しい得難い名水です。飲むと共通して、さわやかさの後に凛とした鋭さがあります。京都のお茶に良いと言われる、まったりとした水では全く得られない感覚でした。

よく調べてみると、上田流は水を沸かすと沸騰させるかさせないうちにお茶をたてるのですが、裏千家、表千家などでは、水をぐらぐら煮立ててからたてることが多いようです。これは、煮立てて水の硬度を一時軟水化して、お茶の成分がより溶けやすくしているようにも思えます。上田流は軟水を使うので、水を煮立てなくても、お茶が溶け出せるようです。上田流には「名水だて」という流儀があり、特に重要な茶会には硬度の低い、とても清冽な超軟水を使うようです。実際、テレビ番組で、上田流師範の方にご無理を言ってエビアン水でお茶をたてていただいた実験では、お茶がよく溶けず、器の底に小さな緑の塊になっていました。

上田宗箇は、利休、織部に比べ、「ウックシキ」を求めると、自ら書き残しています。このウックシキを、国立民族学博物館、熊倉功夫教授（現・静岡文化芸術大学学長）は「清楚、研ぎ澄まされた」と解釈し、現お家元の上田宗冏氏は、「凛として力強い」、という意味に解釈されています(2)。上田流の使う水の〝きき水〟をすると、なるほど凛としたウックシキ水か、と納得できるのです。長く剣道をやってきた私には、凛とした武士《もののふ》の姿勢が実感できる気がするのです。最近では「ウックシキ水」という表現を、広島の超軟水を説明するのによく使っています。

ふつうのお茶にも軟水のほうがお茶の成分がよく溶出され、中硬水や硬水よりおいしく飲めます。ただ、最近の若い人や女性は、緑茶のおいしい成分、タンニン、シュウ酸の独特の渋みを嫌がり、中硬水や硬水でたてた、前述のおいしい成分や味の薄い〝さらっと茶〟を好む人が増えてきているのも現状です。

もみじ饅頭は軟水がお好き

広島名物もみじ饅頭は、軟水で発展してきたお菓子です。特に餡《あん》！　餡を練る時、硬度二〇mg／L以下の超軟水に近い、清冽で鉄分、マンガンの少ない水で餡をこねると、餡のすっきりした甘みと風味が長持ちしたのです。特に、マンガンの少ないことが重要でした。鉄は少なくてもマンガンの多い水は、わが国によくあるのです。昔は冷蔵保存などなかったので、この風味の維持は重要でした。もみじ饅頭発祥の地、宮島の地下水はほかつてはほとんどすべて硬度一五mg／L以下の超軟水で、名

写真3-3　背後の日浦山から湧出する軟水名水で、おいしい餡を作り、もみじ饅頭も大人気。瀬野川中流域。

水が多くありました。

有名な、にしき堂さん（写真3‐3）。宮島島外のもみじ饅頭屋さんですが、昔から軟水名水にこだわり、名水の湧出する海田《かいた》町の日浦山《ひのうらやま》伏流水で餡のみをつくり、饅頭自体はＪＲ広島駅裏の本社工場でつくっています。

大谷博国社長はよく言っておられます。「お菓子（もみじ饅頭）の命は餡にあり、餡の命は水にある」と。今、独自製品の「生もみじ」が大変好評ですが、この味は広島特有の軟水名水から由来している餡なのです。これらのことを誰も知らないので、アンノウン（餡ノウン？）と言っています。おいしさのヒミツに軟水名水があるのです。

広島風お好み焼きは軟水がお好き

広島風お好み焼きも、軟水が必須だと、健さんはつれづれケンコー（健考）しています。広島風お好み焼きはバンと呼ばれる独特の生地でつくります。このバンをつくる小麦粉を混ぜるとき、軟水だとさらさらとした生地になり、薄く焼いてもひっくり繰り返しやすい、良いバンになります。しかし、中硬水や硬水でつくると生地がゴワゴワとし、ちぎれやすく、うまくひっくり返せません。ついつい、生地が厚くなり熱が充分野菜に通らず、おいしくないお好み焼きになるのです。小麦の中のグルテンが、ミネラルと結合して固まるからです。

さらに、お好みソースにも軟水が重要です。ソースのベースの一五～二〇%を占める食酢に、軟水でじっくりゆっくり発酵させた、まろやか食酢を使うと、まろやかな、お好みソースができるのです。かつて、他県のお好みソースはツンツンして辛口が多かったのですが、これは発酵しやすい硬水や中硬水でよく発酵させたツンツン酢を用いているからです。最近は技術が進歩して識別がしにくくなりましたが、三〇～四〇年前は、水の硬い、軟らかいが、ソースの味にはっきり影響していました。ソースか、そうですか！　知らなかった？　また、小麦粉についても最近は製粉技術が進んでおり、グルテンの量も少なく、この軟水と硬水の差は出にくくなってしまいました。

私はかつてシドニーに一年間単身赴任滞在した時、市中の水道水（中硬水）でうまくお好み焼きができないことに気がつきました。ニュージーランドの軟水でつくると、ちゃんとできたのです。この時のお好みソースは、広島からの直送品だったことは言うまでもなく、よく同じニューサウスウェールズ大学の日本人留学生たちや外国人学生を招いてお好み焼きパーティーをやり、好評でした。〝オコノミ・プロフェッサー〟とか〝ジャケン・プロフェッサー〟と呼ばれていたようです。広島じゃけんネー。

広島風お好み焼きにマヨネーズはイケナイ！

このように、広島風お好み焼きは伝統軟水食文化なので、広島風お好み焼きにマヨネーズをかけて食べるのはイケナイ!!　由緒正しくない!!　と、私は強く主張してきました。今も伝統軟水食文化を守るため、継承するため、主張しています。マヨネーズは西洋硬水食文化。刺身にウスターソースを付けて食べますか？　ということです。刺身にはやっぱり和風の醤油でしょう（写真3-4）。

写真 3-4　広島風お好み焼きにマヨネーズは由緒正しくない!

昔は、「由緒正しい広島風お好み焼きにマヨネーズを付けて食う者には、化学の単位を出さん」と、硬水、軟水に関する授業後、冗談で言っていました。皆、大変ウケて、今でもクラス会などでは、「先生、あの授業は面白かった。良くわかった」「ワシは今でもマヨネーズは使いませんよ」等、この話題で盛り上がります。

しかし最近は、こうした冗談も通用しなくなり、唖然としています。聞いた学生の保護者から、「マヨネーズで単位を出さないなんておかしい、理不尽だ、教育ではない」と、電話がかかってくるようになったのです。返答に冷や汗をかくようになりました。パワハラと決めつけ、話の真意が通じないのです。内心、「当たり前だ、大学でそんなことをするわけがないだろう。軟水が重要だというコメントを認識させるための強調のジョーク、教育手法だ」と叫ぶのですが、理解してもらえないのです。したがって、ここ一〇年は発言しなくなりました。学生も、保護者も、いや世の中全体が、日本語の真意（陰に潜むもの）を理解する許容幅が、大変狭まっているように感じるこの頃です。アメリカのトランプ大統領に比べれば、ほんの些細な発言なのですが。

ちなみに、関西風お好み焼きは、ごちゃごちゃ、わけのわからんものを混ぜたお好み焼きなので、野球の「阪神タイガースと同じだ、何をつけて食ってもかまわん。タイガースは食ってしまえ！」と言っていました。赤ヘルファン学生には大ウケ。阪神ファンには失礼かも？

ワサビと軟水名水

ワサビはもともとミネラルの多い水を好む植物で、安曇野《あずみの》の大王ワサビ、伊豆の修善寺《しゅぜんじ》ワサビの大規模なワサビ田は有名です。健さんの調査でも、ワサビは中硬水での栽培が普通です。しかし、広島でも吉和《よしわ》というところで、自生していた小さな貧相なワサビを改良して、また大山《だいせん》辺りから軟水でも生育できる小さめな品種を持ってきて、軟水や超軟水の出る中国山地の山あいの谷で、小規模ながら栽培が行われてきました。というのは、このワサビは軟水育成なので生育が遅く、生育に二～三年かかります（普通は一～二年）。吉和のワサビは小さくて貧相なのですが、おいしく香りが良いのです。ちょうど、じっくり、ゆっくり発酵した吟醸酒のようなもの。高級和食店より引き合いも多く、細々と生産されていました。中国山地は小さな谷が多くあまり大規模なワサビ田が造りにくく、軟水なので栽培や収穫に時間と手間がかかります。

今では吉和のまちおこし特産として、ブランド化され、広く販売されています。香りの良いすっきりとしたワサビとして好評。これは超軟水か、超軟水に近い極めて清冽な安定した軟水湧水があることで成り立っている、伝統軟水文化なのです（写真3-5）。

ここに至るまでにはエピソードがあります。若い農家が何とかこの小さいワサビを、大王ワサビのように速く大きく生育できないか、と、東京の大学の偉い先生の指導を受け「こんな水では良いワサビはできない！」という指導のもと、年寄りの言い伝え、伝統を振り切り、いろいろ肥料をまくことを始めたのです。数年間は効果が出て吉和のワサビは良く生育し、良く売れ成功したのですが、その後、収穫は低下し（土壌が富栄養化？　原因不明）、良くない状態になったと、現地取材で聞いたことがあります。二〇～三〇年前のことです。なんとか時間をかけて修復し現在は問題ありませんが、やはり地元の水に合った吉和のワサビは、地元の水と風土でしか、本当の〝吉和ワサビ〟に生育できないものなのでしょう。

写真 3-5　吉和のワサビ（広島県廿日市市）は軟水を逆手にとって、おいしいワサビをゆっくりじっくり栽培。

北大路魯山人は中硬水がお好き

有名な北大路魯山人。魯山人と言えば、あの「なんでも鑑定団」で、ひげの中島誠之助先生が「いい仕事してるねー、お大事になさってください」と、最大限の評価をする天才陶芸家で、人間国宝の候補者でもあったのですが、彼は、超一流の料理人でもあったのです。彼は京都市上賀茂神社の下級神職の子ですが、極貧で父親が自殺し、母親もネグレクトで、六歳の時に京都市竹屋町《たけやまち》の福田家の養子となり、福田房次郎として成長しました。二十歳で東京に出て、種々苦労の末、友達と骨董店を始め、料理の腕を生かし、「美食倶楽部」を結成して大人気となりました。

「食器は料理のキモノ」と、自分の料理に合った食器を自ら作陶するようになりました。この陶器がまた素晴らしく、陶芸家として、さらに有名になったのです。さらに高級会員制グルメクラブ、星岡茶寮《ほしがおかさりょう》を始めました。これがまた大人気となり、ここでは、政界財界の大物が夜な夜な、魯山人の料理を堪能しつつ、内閣人事や財政、財界の密談などがとり交わされたと言われます。

彼の料理人としての味覚、感性は、多くの伝記によれば、京都竹屋町で〝おさんどん〟(料理番)を言いつけられたときに育まれたというのが一致した見解です(写真3-6)(3、4、5)。一般に、和風料理人は軟水に特にこだわる人が多いです。そこで、彼も軟水好みかと思って、竹屋町周辺の井戸水調査を行いましたが、井戸が残っていないので近くの京都御所内の現役井戸水を調査すると、硬度七〇～八〇㎎/L程度の中硬水でした。京都市の水道は一九一二年(明治四五年)からなので、一八九二年（明治二五年）当時、魯山人は井戸水で〝おさんどん〟をしたことは確実です。地下水学会の調査でも、京都市中この辺りは中硬水の水質でした(6)。

京都は地下水が豊富で、軟水と思っている人が多いのですが、実は東山山系（清水寺辺り）を除けば中硬水が大部分なのです。これは、太古の堆積層からミネラルが地下水に溶出してくることによっています。健さんは、由緒正しい京都の懐石料理やおばんざい料理に接する機会がありましたが、私には少し味が濃い感じがすることが多かったです。西日本の薄味に慣れた人々にはそう感じる人も多いです。これは中硬水では出しにくいだしを、工夫して濃い目に出しているためと思われます。

北大路魯山人は軟水ではなく中硬水好みで、この味付けの感性により、東京での中硬水調理（星岡茶寮の井戸水。たぶん中硬水）で、政界財会人の舌を巻くことに成功し、天才料理人としての名を欲しいままにしたのでしょう。

彼が、フランスのルイ一四世の頃から続く超有名鴨料理店、トゥール・ダルジャンで、硬水での味が気に入らず、有名シェフの前で、

写真 3-6　山田和著『知られざる魯山人』と北大路魯山人著『料理王国』。この両名著より、魯山人が“中硬水好み”であったことが推定できる。

持参の醤油とワサビで食べたという、傲岸不遜、傍若無人のお話は有名です。また、京都の豆腐が良い水でできているのでおいしい、とか、彼の昆布だしの取り方が中硬水に合った作法になっているなど、魯山人が軟水でなく、中硬水好みであったことをうかがえる本人の記述も残っています(3、4)。

コラム　電磁鍋異聞、「この鍋はだめだ！　味がのらん！」

電磁鍋が普及し始めた一九九〇年頃のことです。大手の電気会社から、技術士として相談を受けました。電磁鍋を広島の大手の和食レストランチェーンに納品したが、料理長（テレビによく出る有名人）が、「この鍋はだめだ！　味がのらん！」と、使ってくれないとのこと。料理長が使わないと部下も使えない。納入数が多く、営業は真っ青になったのです。営業担当は、まず広島の食品関係の大学と研究所に相談に行ったがわからない。筑波の食品総合研究所まで訪ねたがわからない。途方に暮れて健さんのところに来たのです。「藁をもつかむ思いで来ました」「？　失礼な！　我々は藁《わら》ではない」と思いましたが、まあ、まあ、笑々《わらわら》！

出された電磁鍋を加熱し、水を一口舐めてみました。「あ、これは水が硬水化している」と、同席の大学院生も叫び、顔を見合わせました。「これではいいだしが出ないなー」と。大学院生には三年以上、〝きき水〟の訓練をさせていました。

二人の〝きき水〟で、半年から一年間わからなかった原因が、数分で、舌で、わかったのです（〝二枚舌〟ではない）。すぐ、解決方法を見つけ出すことを依頼されました。

なぜ硬水化するのか、その解明には約一年がかかりました。結局、従来のガスでは対流によりゆっくり水が加熱されますが、電磁では鍋の下から電磁作用で均一に急速加熱され、水の分子運動が非常に盛んになり、鍋の壁についた水アカ（カルシウムやマグネシウムなどのミネラル）が剥離しやすいことが判明しました（図3・4）。したがって、水が硬水化してだしが出ず、味がのらないのでした。ガスでは急速加熱しても必ず対流でゆっくり加熱になるので、水アカの剥離がほとんど起きないことも確認しています（7）。

学術的解明には時間がかかるので現象のみ報告し、電磁鍋の表面処理を少し変えることで、割合早くに技術解決しました。技術指導料は、電磁なのにパワー（ギャ

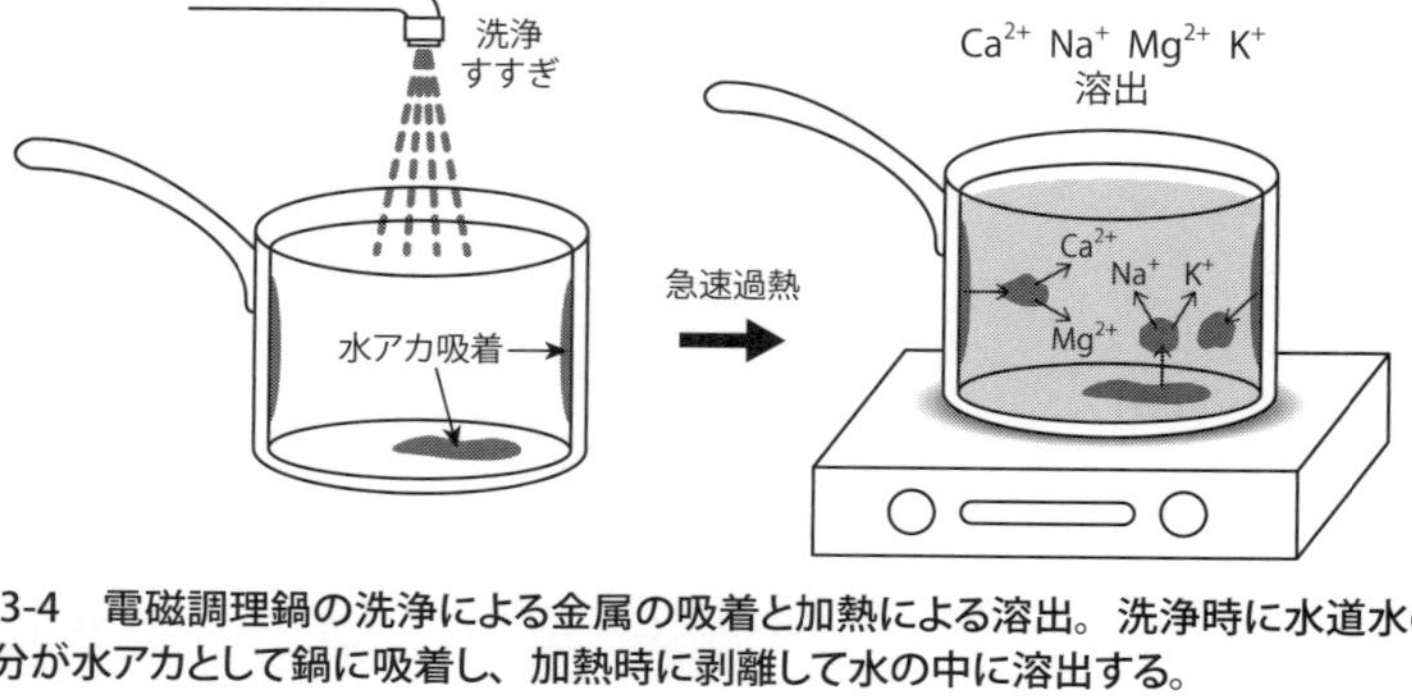

図 3-4　電磁調理鍋の洗浄による金属の吸着と加熱による溶出。洗浄時に水道水の成分が水アカとして鍋に吸着し、加熱時に剥離して水の中に溶出する。

ラ）は少なかったですが。でも、これは大学院生の良い博士学位論文(7、8)となりました。現在も安価な電磁鍋の中にはこの現象があるので、要注意！

この技術は、さらなる発展を見せています。茶道に使う南部鉄瓶の高級伝統工芸品（数十万～百万円以上）の、外国産コピーが安価に出回り、市場で困っているとのこと。表面上は全くわからず、簡単な識別方法がなく、生産組合も途方に暮れていました。これも技術士相談〝ぶんぶく茶釜プロジェクト〟を立ち上げ、検討しました。電磁鍋の微量水質分析技術を応用し、無事解決。わが国の本物の南部鉄瓶は、水を沸かしても硬度は上昇せず、むしろ低下する。しかし、ほとんどのニセモノでは硬度が上昇してくる現象を確認したのです。本物は柿渋などを使い、丁寧に表面処理をしているとのこと。我々の技術でニセモノ識別が可能となりました。ギャラは一〇万円ぐらいの、まあまあ良質の南部鉄瓶をもらいましたが、どこか学生の下宿のカセットコンロの上でカップラーメンやＵＦＯ(焼きそば)作りに大活躍とのことです。ウーム。

この結果は学術論文(9)として発表しましたが、水質分析に手間がかかるので、技術は普及していません。でも、外国による不法コピー販売は重要問題、国際問題にまで発展しつつあるので、本物評価の一つの手段として、用いようとする動きが最近もあります。

瓜割の滝（福井県三方上中郡若狭町、名水百選）
瓜割の滝は養老年間（717 〜 724 年）から伝わる名水。この水で瓜が自然に割れたから名付けられた。とにかく大量の水がドードーと流れていて、冷たくてとてもおいしい。

4章 日本酒と名水

智積《ちしゃく》養水（蟹池）（三重県四日市市、名水百選）
この蟹池を水源として、智積町内まで引いているのが智積用水である。蟹池の水は鈴鹿山脈からの湧水で、田んぼの中に大量に湧いている。大腸菌や一般細菌も検出されず、おいしい軟水の名水。

この名水は、かつて
四日市市街地の水源として
使われていたんだよ。
スイ・メイちゃん

硬水が必須だった日本酒醸造

昔は日本酒醸造には、硬度の高い水が必須でした。江戸時代の天保年間、灘（神戸付近）の山邑《やまむら》酒造の山邑太左衛門《たざえもん》は、あることに気がつきました。彼は灘と西宮に酒蔵を持っていたのですが、いつも西宮の酒のほうが豊潤で、良い酒だったのです。米を変えても杜氏を変えてみても、結果は同じでした。そこで、思いきって西宮の井戸水を灘に運んで醸造してみました。ただの水を手間や時間をかけて運ぶ太左衛門を、多くの人は嘲笑ったそうです。しかし、西宮の水で醸造したところ、灘でも西宮と同じ豊潤なおいしい酒ができたのです。有名な酒造りの名水、「宮水《みやみず》」の発見のエピソードです。

このことを知った灘の酒造家は、競って西宮の井戸水を牛車や船で灘に運び醸造するようになり、この水を運ぶ水屋とい

写真 4-1　酒造用名水、宮水発祥の地（西宮市、昭和の名水百選）

写真 4-2　酒造会社の宮水井戸。かつては女性はこの敷地内に入れなかった。

う、本当の〝水の商売〟が繁盛したと言われます。まさに「水に生きる」人たちですね。「水に生きる」はサントリーのコピーですが、当時はサントリー（寿屋）はまだありません。

西宮の井戸水は硬度が一二〇～一五〇㎎／Lと高く、特にリンを多く含み鉄分は極端に少ない、日本酒醸造にとって最適の水です。これは今でも変わりません（写真4‐1、4‐2）。

ミネラルが微生物や酵母を元気にする

昔の醸造法では、生酛《きもと》と言って、酒の種になる酛《もと》の発酵をまず最初に行うのですが、米（蒸米）と水、麹を仕込むと、まずは硝酸還元菌、次に乳酸菌が繁殖し、酸性になって殺菌が行われ、次に、酵母菌が発酵してきて健全な生酛ができあがっていきます。図4‐1に模式的に示すように、宮水のようなミネラルやリンの多い硬水だと、酵母がぐいぐいと元気になり発酵し、生成したアルコールで殺菌もするので、腐造も防げ、発酵充分な豊潤なコクのある酒になります。

一方、ミネラルやリンの低い軟水だと、これらの菌が充分生育せず、特にメインの酵母菌の生育が遅れ、発酵が不充分なまま乳酸菌が優先します。そのため、本仕込みを行っても酵母の発酵が進まず、酸っぱい酒か、腐造となる傾向が高かったのです。灘でも神戸は硬度の低い軟水であったので、この問題に直面し、たとえ発酵がうまくいっても残留した糖分のせいで、うまみ、キレの少ない甘口の酒に仕上がっていました。したがって、軟水でも発酵が充分できる軟水醸造法が広島で発明される明治の中頃から終わり頃までは、硬水でないとおいしいお酒ができなかったのです(1)。

良くないものを表す「くだらない」という言葉がありますが、これは灘でできた発酵不充分な酸っぱい酒を、江戸に送ると腐ってしまう、江戸に下れない酒、くだらない、というところからできた言葉です。

わが国の三大名醸造地は灘（西宮を含む）、伏見、西条ですが、皆、硬度の高い硬水か中硬水で、特に鉄分の低い水の出るところです（写真4-3、4-4）。よく伏見や西条は軟水と言われますが、軟水ではなく中硬水です。灘に比べると硬度が少しだけ低い（八〇〜一〇〇mg／L）軟水ぎみの水

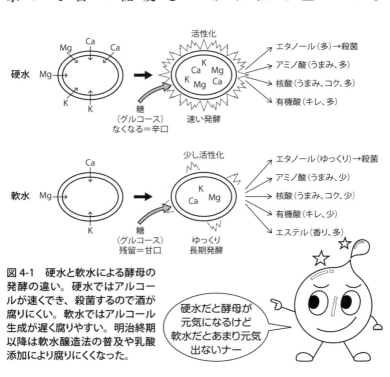

図 4-1　硬水と軟水による酵母の発酵の違い。硬水ではアルコールが速くでき、殺菌するので酒が腐りにくい。軟水ではアルコール生成が遅く腐りやすい。明治終期以降は軟水醸造法の普及や乳酸添加により腐りにくくなった。

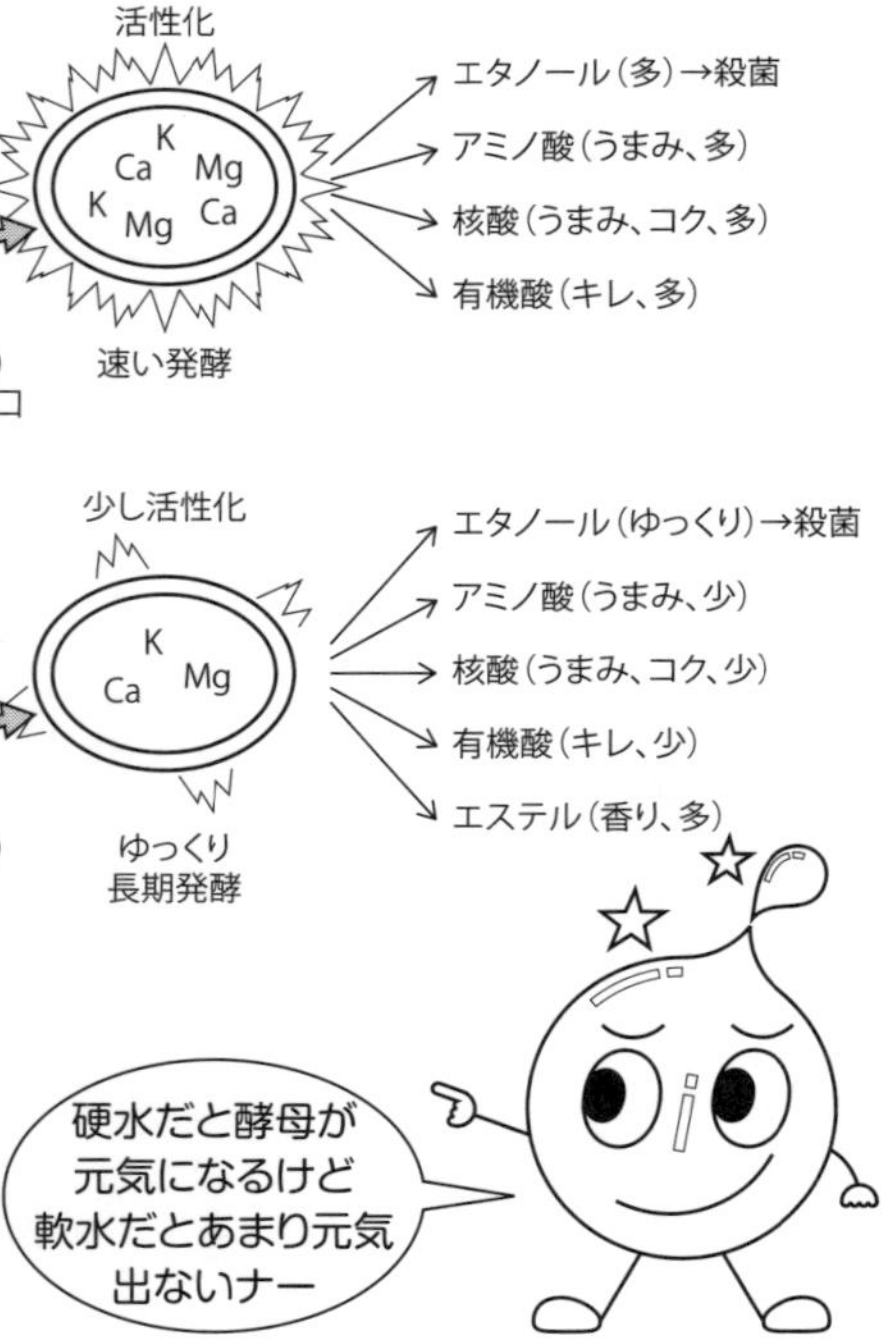

で、酵母の発酵がやや不充分で、お米の糖分が残留し、甘口にできあがっており、女酒と言われていたのです。

一方、灘では酵母が元気で米の糖分は発酵しきってしまい、辛口男酒となっていたのです。でも最近は甘口、甘いのはむしろ男ですが。

写真 4-3　伏見の酒の源、伏見御香水（御香宮神社、昭和の名水百選）。

写真 4-4　広島西条の酒造用名水（左：賀茂泉の次郎丸井戸、右：西條鶴の天保井水）。

軟水醸造法、世紀の大発明

一八九四年（明治二七年）頃、広島安芸津《あきつ》の酒造家、三浦仙三郎が、苦心の末に、軟水（硬度五〇mg／L以下）でも充分発酵させる軟水醸造法を開発しました。彼は、これを秘密にせず全国に広めたので、明治終期から大正期には、広島だけでなく軟水の地である、静岡、長野、新潟や秋田でも良い

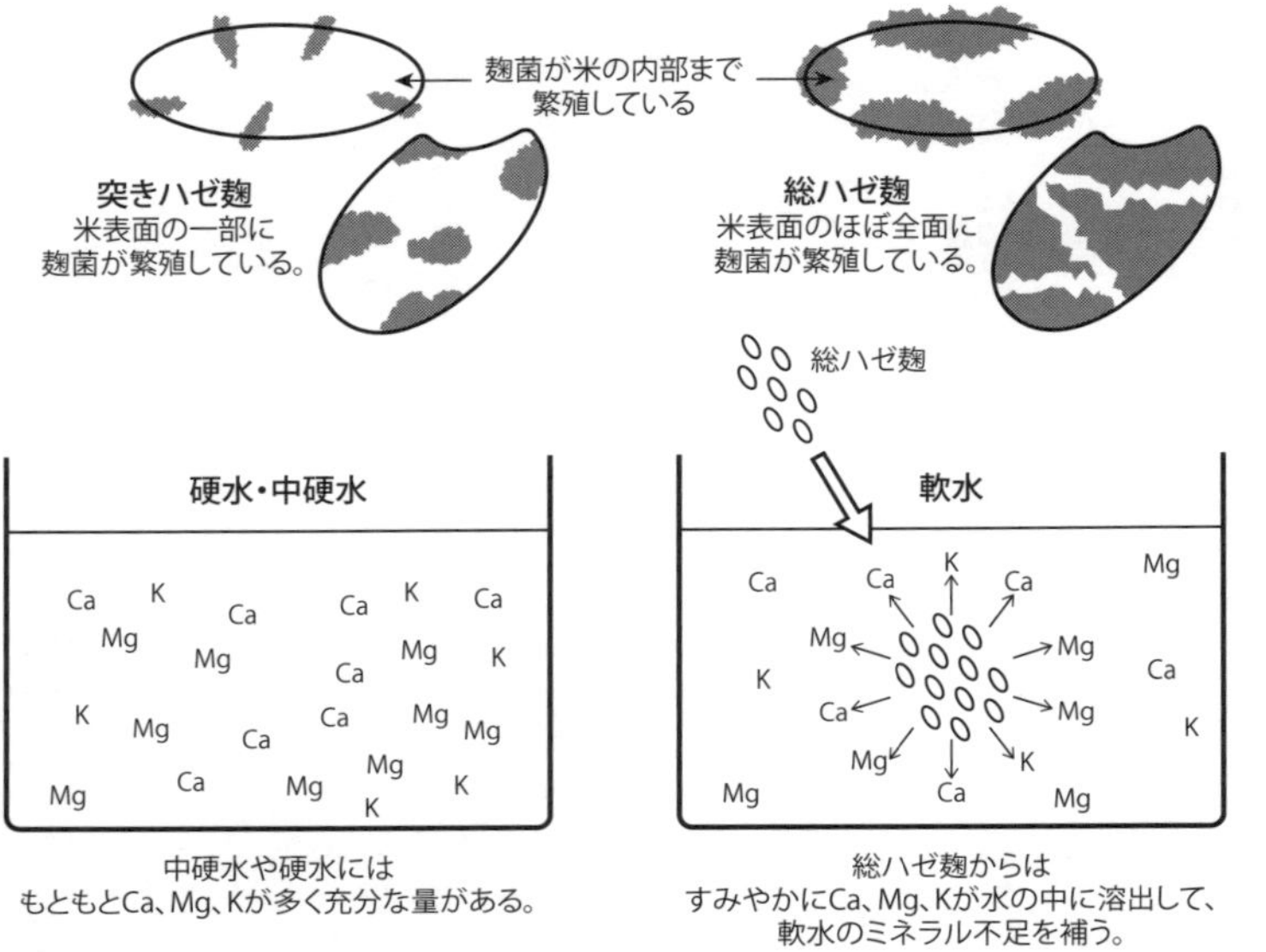

図 4-2　軟水醸造法では麹（主に総ハゼ麹）から、すみやかに Ca、Mg、K が水中に溶け出す。これが軟水醸造法で、発酵がうまく進む秘訣（模式図）。

お酒ができるようになりました。

あまり知られていませんが、この技術は日本酒醸造に革命をもたらしました。「灘の硬水、男酒。伏見の軟水、女酒」と、古くから正確でないコピーが広く出回っており（伏見は軟水でなく中硬水）、しかも大メーカーが集中しており宣伝力もあり、地方の本当の軟水醸造法が陰に隠れてしまっているようです。でも、三浦仙三郎の軟水醸造法があったからこそ、現在の日本酒、特に吟醸酒ブームが支えられているのです。iPS細胞の発明にも匹敵する、すばらしいバイオ技術です[2・5]。

軟水醸造法の秘訣は、独特の麹づくりにあり！　ということを、健さんらの研究（二〇〇六年発表）で解明しています[4]。軟水醸造法では、米のほぼ全面に麹菌が繁殖した「総ハゼ麹」を用います。総ハゼ麹からは、米由来のミネラル、カルシウムやマグネシウム、カリウムが素早く溶出するので、軟水のミネラル不足を補い、発酵を支えるのです。麹菌が米の一部に繁殖している「突きハゼ麹」では、やや溶出が少なく、特に重要なカルシウムはあまり溶出されません。でも、硬水であれば、もともと水の中にあるので大丈夫なのです。硬水醸造では発酵しすぎも考慮して、突きハゼ麹を使う傾向があります(5)。

吟醸酒は軟水、燗酒は硬水

今の日本酒ブームでは、米を五〇～六〇%以上も削って精米し、ぬか成分をとことん取り除き、低温で長期発酵して造る香り豊かな吟醸酒、大吟醸酒が大人気です。外国人は特にこの吟醸酒を好むようです。食前酒としても最適ですね。

吟醸酒は一九九〇年前後から出回ってきたもので、それまでは酒造技術を競う品評会用にほんのわずか試験醸造されるものでした。米の半分しか使わない、何とも贅沢な酒だったのです。しかし次第に、ぜいたくさの定着と食事の欧米化で、すっきりとしたコクの良さ、香りから、若い人や女性、外国人への人気が出始め、今の吟醸酒ブームとなりました(6)。

吟醸酒は、実は硬水では造りにくいのです。現在は、昔の生酛と違い、乳酸を酛に添加して殺菌した後、無菌大量培養した酵母を加える速醸酛《そくじょうもと》が一般的で、腐る心配はなくなりました。酵母はむしろゆっくり発酵させて、香りや、すっきりとした味を出すことに主眼が置かれるようになりました。麹菌が内部に入り込んでいるが、表面にはあまり出ていない突きハゼ麹もよく使い、よりゆっくりと発酵させます。そのため、米の栄養分（ぬか成分）は極力少なく、水のミネラルも少ない、栄養失調の過酷な条件で、〝生かさぬよう、殺さぬよう〟に、ゆっくり、じっくり酵母を発酵させる必要があります。そうやって初めて、香りの豊かなすっきりとして少しコクのある、おいしい吟醸酒ができるのです。

硬水だと発酵がぐいぐい進行して、あっという間に発酵が終わり、香りが薄いかわりに、コクが充分あって豊潤な酒になります。この硬水の酒は燗酒《かんざけ》に向いています。カン違いのないように。

日本一手に入りにくい吟醸酒をつくる〝新軟水醸造法〟

「獺祭《だっさい》」という、最近とても有名な吟醸酒が、山口県岩国市にあります。オバマ米国前大統領の訪日の歓迎夕食会で、安倍首相が手土産に用いてあっという間に有名になりました。ミシェル前大統領夫人も獺祭を飲み、〝ダッサイ〟が〝カッサイ（喝采）〟に変わった話は、聞いていませんが。

実は、この獺祭を産する旭酒造は、かつては岩国の山間の小さな造酒屋でしかなかったのですが、特有の軟水を使い、米を二五％以下になるまでとことん磨いて発酵させた結果、すっきりさわやかなおいしい酒が実現し、大人気となったのです。私は二〇〇〇年頃、旭酒造の桜井博社長（現会長）と親しくなり、水の分析を依頼されたことがあります。その分析値を見ると、硬度はかなり低いとてもきれいな軟水名水で、発酵はさぞかし難しいだろうな、と思いました。

あれから旭酒造は、あれよあれよという間に名吟醸酒醸造元となり、今では桜井社長は、つぶれかかった酒屋を年商五百億円の酒造会社に成長させた、醸造会の風雲児、と、世間ではヒーローになってしまいました。現在は大きなビルの工場が建ち、威風堂々、昔の面影はありません。

また、同じように一世を風靡し、非常に手に入りにくく、プレミアムがついて驚くべき値段となるという、呉市の相原酒造の「雨後の月」という吟醸酒も、同じように軟水名水でゆっくりじっくり醸造されています。独特の発酵技術で、すっきりさわやかに仕上げられ、まさに〝雨後の月〟。東京でも全国でもずいぶんと人気の酒となり、広島を代表する吟醸酒と、もてはやされた酒でもあります。相原酒造の相原純一郎社長は広島大学の発酵工学科の後輩で、やはり乞われて「雨後の月」に使われている水の分析を行いましたが、軟水のとてもきれいな名水でした。

このように、おいしい吟醸酒や大吟醸酒は、杜氏さんの腕前もさることながら、良い清冽な軟水名水があってこそなのです。

現在は、広島県三原市の山根本店の「酔心《すいしん》」や、呉市安浦町の盛川酒造の「白鴻《はっこう》」が、同じように軟水の中でもかなり硬度の低い水で発酵させ、すっきりとした辛口の良い酒をつくる技術を磨いています。これらの酒造会社は、軟水醸造法をさらに進化させ、いろいろな技術を包含した、健さんが唱えている〝新軟水醸造法〟を実践しており、これからの吟醸酒、日本酒ブームは、この新軟水醸造法が支えてゆくのではと、私は期待しています。

コラム

押切もえさんと共演

東広島市の西条地区にある酒造用名水のレポートを、二〇一三年、モデルの押切もえさんと、NHKの全国放送の番組「イッピン」で行ったことがあります。最初、「もえでーす!」「佐々木です!」と挨拶した時は、とても美人で背が高い人だなと思いました。失礼ながらテレビはあまり見ないので、存じ上げなかったのです。

取材が始まり、この時は西条の酒蔵通りにある井戸を、試飲したり水質を解説したりしながら歩くものでしたが、幸い「いつも通りにやってください」、とディレクターが言ってくれていたので、ギャグをはさみながら説明しました。広島の民放局で以前同じような番組を経験し、ディレクターも知っていたからです。すると、もえさん、「へー!」「そうなんですか!」と相槌は打ってくれたのですが、ギャグのところは「それってダジャレですかァ」と返事が来て、これはいけん、わかってくれていないと思いました。

でも、西条の代表的井戸、江戸時代から続く「天保井戸」では言っておこうと、「この井戸は江戸時代から続くいい井戸ですよ。エードー、イードーと言うんです」と説明した時は「エードー、イードー、……、アハハハハ」とやっと通じてくれて、ほっとしました。この場面は全国に流れました。

休憩時間ごとに、マネージャー、スタイリスト、お付きの人三人が取り囲み、髪、服装、化粧を修正する。せいぜい二人か単独で来る広島のタレントさんとは大違い。これはヤバイ、大物だ、と思っていると、通行人の多くが「もえさーん！」「あー、もえさんが来ている！」と手を振ったり集まってきたりで、これはすごい人と共演したと思いました。

家に帰って、妻に「押切もえさんって知ってるか？」と聞くと、「有名なモデルさんよ。突然どうしたの？」「一緒に西条名水をレポートした」「どうしてサインをもらってきてくれないの！」と叱られた次第。

もえさんはエッセイや小説も発表されていて、二作目の小説が山本周五郎賞の候補になったことが話題になりました。残念ながら落選してしまいましたが、芥川賞を取ったお笑い芸人、又吉直樹に並び、「女又吉」と呼ばれているそうです。私も専門書、教科書を含め、エッセー、水紀行本を三〇冊以上出版していますが、重版出来は二、三件。印税は、即飲んで終わり。もえさん、ギャグが通じない天然系と思っていたけど人はみかけによらないな、超美人で文才に恵まれているなんて実にうらやましいな、と思っているこの頃です。誠に失礼しました。

磯清水（京都府宮津市、名水百選）

磯清水は、あの天橋立の砂州の中に湧く水で、周りは海なのになんと塩分を含まない軟水の名水が湧出している。有名の平安時代の歌人、和泉式部もこの水を飲んで和歌を残している。ワカるなー、と思わせるくらいのおいしい名水。

5章 日本伝統文化と名水

吉祥水
三井寺 三井水

紀三井寺《きみいでら》の三井水《さんせいすい》（和歌山県和歌山市、名水百選）
紀三井寺の吉祥水は名水百選、三井水の一つで、宝亀年間（770年）に創建された紀伊寺の山裾に湧く。紀州徳川家の寄進した江戸時代の建物が残る。水質はいずれも中硬水だがきれいな水で、ミネラルバランスも良い。

紀州梅干しが
おいしくて有名なのは
紀州に多い中硬水の
せいかなー

スイ・メイちゃん

わが国の伝統文化、伝統工芸には、軟水の名水が深くかかわっているものもあります。軟水や超軟水でなくては、あり得ない文化もあるのです。ここでは、知られざる、伝統への軟水名水のチカラを紹介しましょう。伝統であって、電灯（デントウ）は軟水名水と関係ありません。

錦鯉と名水

大きな池の中を悠々と泳ぐ美しい錦鯉。紅白、丹頂《たんちょう》、大正三色《たいしょうさんけ》、昭和三色《しょうわさんけ》、白写り、べっ甲、落葉時雨《おちばしぐれ》、黄金、プラチナなど、現在では多くの種類が育種されていて、わが国の錦鯉は、「泳ぐ宝石」と言われ、海外でも人気が高いのです（写真5‐1）。

私は名水調査をする過程で、新潟県山古志村《やまこし》（現・長岡市）に、あの中越大震災（二〇〇四年）の前に、数回訪れたことがあります。山古志村は錦鯉の発祥の地と言われ、江戸時代、黒い食用鯉から突然変異でできた紅白等の錦鯉を、主に武士のアルバイトで飼育し（働くのはいつも農民）、全国へ売りに出していたそうです。武士も家計のやりくりが大変で、「利息でござる」、もあったのかもしれません。ちょうど、奈良県大和郡山《やまとこおりやま》の金魚の飼育に似ています。アルバイトに精を出していた武士のおかげで、伝統文化が今に伝わっているのです。

震災前の山古志村には多くの鯉の飼育池と鯉屋さんのハウス池（暖房して越冬させる）があり、役場が言う、まさに「錦鯉の里」でした。この名前を「コイ恋（来い来い）の里」に変え、若い観光客を呼んだら、と提案すると、オジサン系役人は〝目が点になった〟のを記憶しています。当時は鯉を買いに来るのは、鯉師《こいし》か年配の人（鯉ハンター）ばかりでした。今は若い農家、鯉師等が展示をしたり、昔、健さんが提案したように、イベントを開催して若い人を呼び込むまちおこしをやっています。

食用鯉は、雪深く交通の途絶える地の冬のタンパク源として、わが国の山間地域で多く飼育されてきた歴史があります。広島でも同じです。特に現在、錦鯉の三大名産地は、新潟、山梨、広島と言われます。これらの地に良質の軟水、超軟水が存在したからです。特に地元広島では、鯉の飼育は昔から現在も盛んで、そのせいか、「カープ」というプロ野球球団もあります。広島城のお堀には多くの鯉がいて、広島城は別名、鯉城《りじょう》とも言われ、最近まで鯉城通り、鯉城会館などの地名や建物が残っていました。

広島城近くの大きな鯉屋さんの先代社長にインタビューしたことがありますが、「あの原爆のあと、お濠の池で背中の焼け焦げた美しかった紅白が悠然と泳いでいるのを見た。爆心から約

写真 5-1　わが国の伝統文化、“泳ぐ宝石”錦鯉。

六〇〇メートルで、城はバラバラになったがのー。鯉は強いものだ、我々も生き残らねばと思ったもんだ」とお話をうかがったことがあります。鯉の悠々と泳ぐ姿を見ることは、病気の人や落ち込んだ人に、生きる希望を与えるものです。鯉セラピーといって、鯉を飼っている病院が、かつてたくさんありました。原爆焼土、地獄の焼土からの復興に、錦鯉の存在はカープとともに、希望のシンボルとして大いに貢献してきたのです。

野池は軟水、展示池は中硬水、わが国初の知見

錦鯉の池を水質分析してみて、「えー!」と、驚くことに気がつきました。いわゆる野池(自然の池や田んぼを改造したもの)の水は軟水か超軟水なのに(写真5 - 2)、鯉を販売する展示池の水質は硬度九〇~一〇〇mg/Lの中硬水で、しかも硝酸態窒素やリン酸イオンがそれぞれ一〇mg/L、二~三mg/Lと高く、さらに驚くべきは、これは全国どこの鯉屋さんでもほぼ同じ水質であったのです(写真5 - 3)。「野池は大きくするためのもの、展示池は色揚げをしてより美しく高く売るためよ」というプロの鯉師さん。「展示池の水質は秘伝よ。〝こなれ水〟と言って、餌をやりながら、循環ろ過機でろ過して水をきれいに保ちながら飼育すると、ええ色になる。吟醸酒のようにほんのり黄味がかり、ツヤのある水がええんよ」とのこと。

そこで私は本格的に鯉の飼育水質の謎に取り組むべく、全国の鯉屋さんをたずねて回りました。し

かし、野池の水はまだしも、多くの鯉師さんは展示池の水を分けてくれませんでした。〝こなれ水〟は門外不出として、代々造り方、管理の仕方を受け継いでいるものだったのです。

でも、いろいろ取材の努力を重ねた結果、幸いにも、錦鯉の協会である全日本愛鱗会の元会長、黒木健夫先生（大病院の院長先生）と知り合いになりました。会の発行する『月刊鱗光』という雑誌に、「錦鯉の飼育水と名水」という紀行文を連載をする機会をいただき、先生のご紹介でいろんな展示池の水の採取分析に成功しました。三年間、毎月原稿用紙約二五枚程度、水質分析や写真撮影など、すべて自前で取材し、全国を旅しました(1)。原稿料はなしで、もちろん大赤字。かなりしんどかったです。カープファンなので〝赤〟は覚悟のう

写真 5-2　野池。軟水で健全に錦鯉を大きく成長させる。

写真 5-3　展示池。中硬度の“こなれ水”で色を美しくする。

えでしたが。

その結果、野池は軟水ですが、展示池は硬度六〇～九〇mg／Lの中硬水で、硝酸態窒素とリン酸がそれぞれ約一〇mg／L、一～三mg／Lと、もちろん飲用には適さない〝こなれ水〟であること、そしてこれは全国どの展示池でもほぼ同じで、あまり水質は変わらない、という新事実を突き止め、学術論文(2)にもまとめました。分析もせず、鯉師の直感だけで、よく全国同じような水質になるなーと、驚いたものです。このような研究は水産関係の人も、誰もやっていなかったのです。表5‐1に代表的な野池と展示池の水質を示します。地域に関係なく、水質がほぼそろっているのがわかります。

一方、良い金魚は中硬水～硬水で飼育されています。表5‐1に示すように、金魚のふるさとと言われる大和郡山の金魚用の地下水は、ほぼ全域が硬水で、しかもかなり汚い水で飼育されており、あっと驚いたものです。金魚はわが国発祥でなく中国から輸入されたもので、硬水でかなり汚れた水でも生育がいいように長年育種され、慣らされてきたのでしょう。

表 5-1　著名な鯉師の屋外野池と室内展示池の水質および金魚池の水質

	屋外野池			室内展示池			屋外金魚池
	新潟小千谷	広島大和	山梨石和	新潟DA	広島KA	山形Sa	奈良大和郡山
pH	6.47	7.42	7.12	7.80	6.80	7.70	7.90
硬度（mg/L）	6.00	14.0	16.0	88.0	89.0	60.0	426
有機物（mg/L）	8.85	2.60	4.99	10.9	16.3	4.26	39.5
塩化物イオン（mg/L）	12.9	6.45	1.48	451	25.0	26.5	25.9
硝酸態窒素（mg/L）	0.37	0.13	0.04	9.65	7.50	9.11	9.55
リン酸（mg/L）	0.16	0.03	0.01	2.65	2.60	1.10	5.17
鉄（mg/L）	0.04	0.09	0.08	0.01	0.02	0.02	0.05

有機物は過マンガン酸カリウム消費量。
佐々木ほか『水処理技術』43(3)、117-123(2002) を修正。

錦鯉の安全健全な飼育と、価値を上げる色揚げ

前述のように、錦鯉の色揚げとは、餌や水を工夫して、色鮮やかにすることを言います。軟水のきれいな水で病気などの予防をしつつ鯉を安全に健全に大きく飼育して、展示会や売る約一～二カ月前に〝こなれ水〟の展示池に入れ、色をきれいにして価値を上げているのです。もちろん、筋の良い鯉であることが前提ですが、三〇〇円の鯉が、ひと月後には三〇〇～一〇〇〇万円にもなることもあるそうです。当時、鯉は惚れ込んだ人の言い値（高いほう）で売っていました。水で商売しているので、まさに「水の商売」だなー、と思いました。

この色揚げの驚くべき仕組みがわかりました。わが国のいわゆる国産鯉（大和鯉）は軟水で健全に育つよう長年育種され、改良されてきていますが、これを中硬度の〝こなれ水〟に入れると、鯉はストレスを感じ、鯉の色素（アスタキサンチン）の生成が促進され、赤くきれいになるようです。アスタキサンチンにはβカロテンのように抗酸化力があり、耐ストレス性のサプリメントとして人間にも使われています。また、皮膚を保護するためにぬめり物質が盛んに分泌され、このことも鯉を美しく見せるとも考えられています。鯉師さんたちは、経験でこれらのことを知っていたのでしょう。この現象は大和鯉に見られるもので、ドイツから輸入されたドイツ鯉ではあまり見られない現象です。

広島などで、「鯉を買ってきて自分の家の池に入れたら、だんだん色があせてきた。鯉師さんに苦情を言って再び預けると、ひと月できれいになって戻ってきた」といった声をよく聞きました。広島

の水は、ほぼ全域で軟水が多く、鯉がアスタキサンチンを多く生成する必要がないために、色あせたようです。それでもお金（高額な預け代）は取られたそうですが、まさに、水の軟水と中硬水の使い分けの伝統技術で商売しているのです。

ただ、展示池の中硬水で鯉を長く飼育すると大和鯉はストレスのせいか病気になる確率が高く、優秀な鯉師さんは鯉が弱ると、すぐに軟水の野池に放流して元気を回復させているようです。

つい最近まで、紅白や三色の美しい鯉で、一メートルを超すジャンボ鯉はほとんど見られませんでした。これは美人薄命、展示池で長く飼育された美しい鯉は、ストレスを受ける期間が長いせいでしょう。しかし、ストレスなくのびのび生活できる野池では、池の主とも言われ、一・三メートル、五〇歳を超す大きな鯉がいることはしばしばでした。

最近の若い鯉師さんは、水質をあまり気にしません。これは良い餌（ビタミンやサプリメント含有）が開発されたことで、鯉が強くきれいになり、昔のように水に気を使うことが少なくなったからかもしれません。でもやはり、鯉は水でしょう。〝こなれ水〟で鯉が美しくなることは事実で、鯉の商売は水質管理による〝水の商売〟が伝統なのです。

書道は軟水で美しく

有名な書道家は、墨をする水をわざわざ深山幽谷や、ある自分で決めた井戸に求めるという話を聞いたことがあります。私も子どもの頃、割と長く書道塾に通った経験があり、書道雑誌の品評会で佳作に選ばれたこともあります。今の私の直筆手紙や葉書を見た人は、誰もこの話を信じません。しかし、書道塾に通っている頃から、同じ墨で同じようにすっても、黒くなりにくい時と、すぐ真っ黒になる時があるように感じていました。有名な書道家が好む墨とはどんな水なのか、調べてみることにしました。

深山幽谷の水は、まず軟水、しかも超軟水のきれいな水でしょう。

そこで実験してみました。超軟水のきれいな水と、硬水（エビアン水）を使って、墨を同じ力で一分、二分、三分とすってみて、それぞれの墨で筆で「名水」と和紙に書いてみたのです。写真５－４（健さん直筆）を見てください。そうすると、超軟水ですった墨汁はいずれも、均一に徐々に黒くきれいにかけますが（右）、硬水ですった時は、特に一、二分の時には、筆づかいにより、力を入れたところは黒く、力を抜いて走らせたところは薄くなることがわかりました（左）。三分以上じっくりすった時には、差ができにくいこともわかりました。水で全く違うんだなー、ということです。

写真 5-4　水の硬度の違いによる墨の濃さの差。
同じ墨をそれぞれ 2 分すった時。
右：超軟水（硬度 10mg/L）
左：硬水（硬度約 300mg/L）

墨はタンパク質

このことは科学的にも説明できます。墨は本来、松や菜種油を燃やした煤を紙に集め、その煤をニカワ（動物の骨肉を煮詰めた接着剤）で混ぜ固めて造ります。ニカワ系タンパク質の黒塊なのです、ニワカには信じられませんが。

軟水だとタンパク質は固まらず、スーッと水の中に均一に煤と溶け込んできますが、硬水だとタンパク質が固まり、煤の粒子が大きく墨汁の中に漂っているようです。図5-1に示すように、塩析と言って、豆腐ににがりを入れて固めたり、硬水で昆布やかつお節のだしが出にくいのと同じ理屈です。したがって、硬水ですった墨は、墨汁の中に黒い大きめの粒が残り、力を入れたところでは煤が紙の上に多く残り、力を抜くと煤の成分の少ない液が紙上にのり、濃淡がはっきりするわけです。超軟水や軟水の場合は、墨汁の中の煤は小さく均一なので、同じ濃さで紙の上に書けるというわけです。

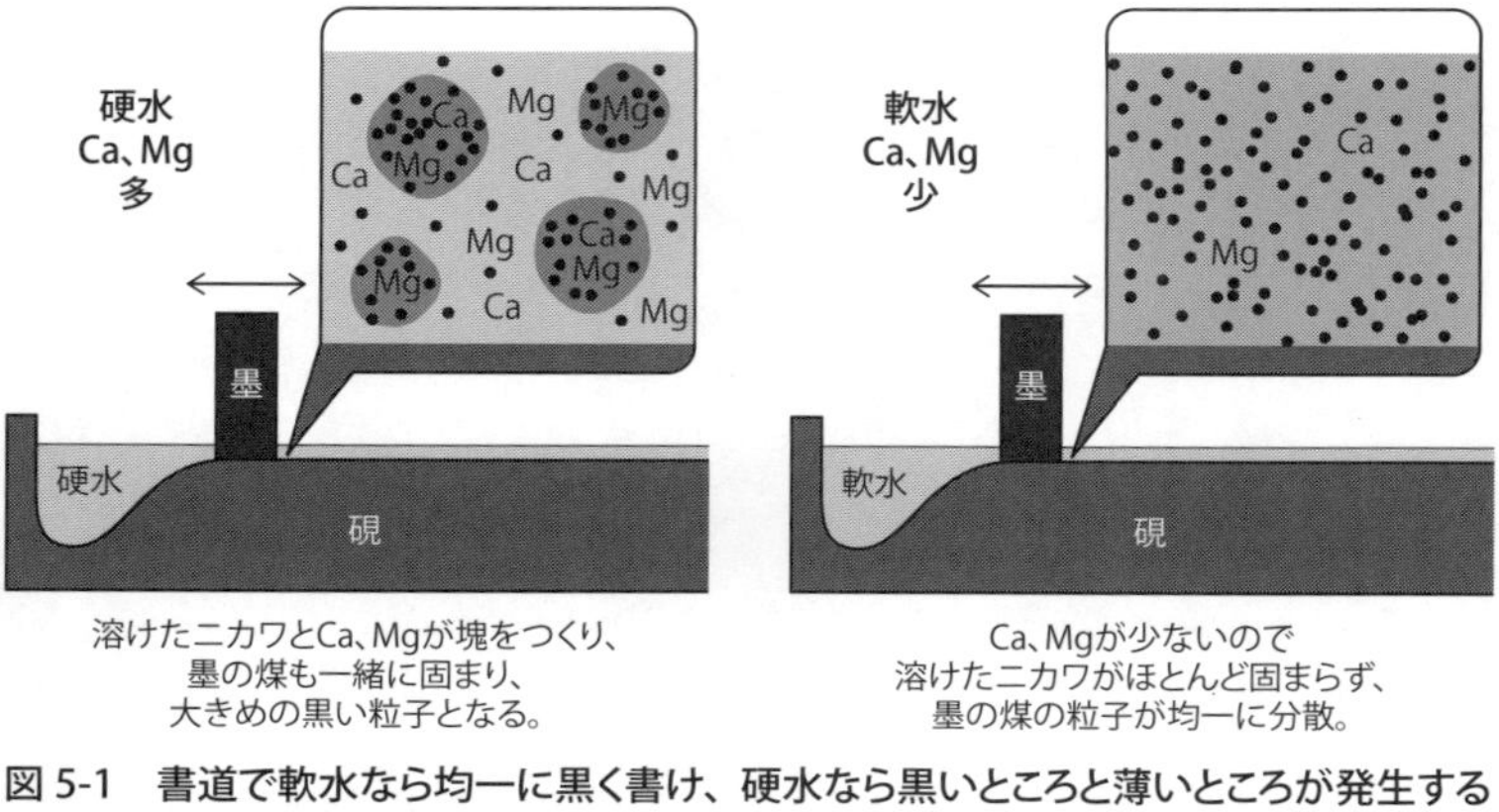

溶けたニカワとCa、Mgが塊をつくり、
墨の煤も一緒に固まり、
大きめの黒い粒子となる。

Ca、Mgが少ないので
溶けたニカワがほとんど固まらず、
墨の煤の粒子が均一に分散。

図 5-1　書道で軟水なら均一に黒く書け、硬水なら黒いところと薄いところが発生するしくみ（塩析）の模式図（推定）。

しかも、墨汁は腐りやすく、墨をすったらすぐに使わないと、宿墨《しゅくぼく》といって腐った墨汁になります。宿墨は薄い液と墨の塊が分離して、濃淡が、よりはっきりしてきます。硬水のほうがミネラル豊富なので、菌が繁殖しやすく、腐りやすいのです。超軟水、軟水は腐りにくいので、宿墨になりにくいのです。これも書家が超軟水を求める理由の一つかもしれません。

面白いのは、超軟水で書いた字は二年から五年を過ぎると、より均一に字が真っ黒になってきますが、硬水で書いた字は、濃淡がよりはっきりとしてくることです。年を経て、その差が、よりはっきりするのです。水墨画などで薄くぼんやりと表現したところがありますが、これは硬水ですった墨ならば表現しやすいのではと思っています。

ただ、この現象は、二～三万円以上の本格的な墨でのみ起こる現象であり、黒い化学染料でできていることが多い安価な墨や外国製品では起こらないこともわかっています。化学染料は、水の硬度にあまり影響されずに溶けているからです。しっかりと良質のニカワで本格的に煤を集めて固めた墨が、良い軟水と一緒になり、美しい伝統を受け継ぐということでしょうか。

和紙も軟水

書道に使う和紙も、軟水名水の産物です。美濃和紙、越前和紙、石州《せきしゅう》和紙、土佐和紙など、有名な和紙の産地はたくさんあります。二〇一四年、石州和紙（島根）、本美濃和紙（岐阜）、細川和紙（埼玉）は、ユネスコの無形文化遺産に登録されました。伝統の和紙が、今、再評価されているのです。

和紙の原料は、楮《こうぞ》、三椏《みつまた》、雁皮《がんぴ》などの低木で、いずれも繊維の長い素材です。繊維の短いパルプで造る西洋紙に比べて、強靭、柔らか、保存性に優れるといった一般的な特徴があります。中でも、楮を使い伝統的な手すきで造った和紙は特に薄くて強靭、柔らか、保存性に優れ、半紙等によく使われます。ちなみに、お金の紙幣は三椏で造るそうです。

紙幣の耐久性はご存じの通り。洗ってもくしゃくしゃにしても、福沢、樋口、野口先生らは、しゃんとして長持ちです。いつの間にか財布からは、なくなってしまいますが。

和紙は漆、柿渋、こんにゃく、桐油、アマニ油等を添加して、様々な紙に加工できるのも素晴らしいところです。番傘もそうです。

あまり知られていない有名な和紙の用途は、第二次世界大戦で日本が製造し、太平洋を越えてアメリカ本土を爆撃した、風船爆弾です。この巨大風船は、なんと和紙にこんにゃくを混ぜ、耐水性、気密性、強靭性をゴム以上に持たせたうえで、水素を充填して焼夷弾をぶら下げて、わが国上空一万メートルに吹くジェット気流に乗せて、数日後にアメリカ本土に到達、爆撃させたのです。実際に、アメリカのシアトル方面で、山火事を起こしたり、不発焼夷弾で遊んでいたら暴発し、現地の子ども五人と近くにいた大人一人を死亡させたという、記録も残っています。和紙の強さを証明する良くない例です。この風船爆弾（ふ号爆弾）は一九四四年（昭和一九年）一一月から翌年四月頃の約五カ月間に約九三〇〇発も発射されたとのことです。アメリカ西半分の州やカナダ、メキシコからも到達が確認され、約一〇〇〇発は北米に到達しているのでは、と推定されています（異説もある）。

この風船爆弾製造のために全国のこんにゃくを軍が買い占めたので、産地近郊でも終戦まで一般では、こんにゃくが食べられなかったそうです。今は昔の、こんにゃく（今昔）物語です。

軟水の名水こそが良い和紙を育む

和紙の産地の水を調査してみますと、特に硬度の低いきれいな軟水が好んで使われています。健さんの調査でも、石州和紙、大竹和紙（広島）、大洲《おおず》和紙（愛媛）、土佐和紙（高知）、竹田和紙（大分）の生産地および近くの水質は、皆「旧厚生省のおいしい水の要件」（16ページ）に合致する、硬度五〇mg／L以下の清冽な軟水の名水でした。中には硬度一五以下の超軟水のところもありました。土佐と愛媛です。おそらく、全国でも昔から伝統和紙が栄えたところには、軟水のきれいな名水が存在するようです。

なぜ、和紙には軟水が必要か？　これは和紙では原料の繊維を水でさらして、汚れ成分や変質しやすい成分（リグニンやフェノールなどを）をとことん除く必要があり、軟水や超軟水は汚れの溶出力が強いから、と考えられます。中硬水や硬水だと、ミネラルの影響で溶出効果が低いのです。料理のだしが出にくいのと同じ理屈です。和紙の原料はパルプ原料に比べ元来リグニンは少ないのですが、軟水のさらし脱色効果は絶大のようです。リグニン、フェノールなど、紙を茶色に変色させる不純成分は極力取り除いておきたいのです。中硬水や硬水だと、漂白工程が必ず必要になってきます。

さらに、手すき和紙はネリやノリと言われるトロロアオイの根（アオイ科の植物）由来の粘着物質を、さらした紙の繊維を水に混ぜた液に添加します、そして独特の「漉《す》き桁《げた》」という底が簾《すだれ》状になっている箱を振りながら、繊維をすくい取り繊維を複雑に絡み合わせ紙にしますが、ネリは紙の繊維が固まり不均一にならないよう分散する役目があります。接着剤でなく繊維の分散なのです（写真５‐５）。この工程で軟水や超軟水の分散力がネリの効果を高め、繊維が良く絡み合って、均一で強靭な和紙になるようにしているものと推定されます。硬水だと繊維が固まって不均一になってしまい、プレスなど圧搾が必要になるのです。

このように、墨とともに伝統産業である和紙も、きれいな軟水の名水に育まれたと言ってよいでしょう。

写真 5-5　世界文化遺産・石州「和紙の手すき」の体験学習で「ワシ（健さん）もスキになった手スキ」。石州和紙会館では伝統手すき技術・文化の保存・継承に尽力している（島根県浜田市）。

6章 海軍と名水

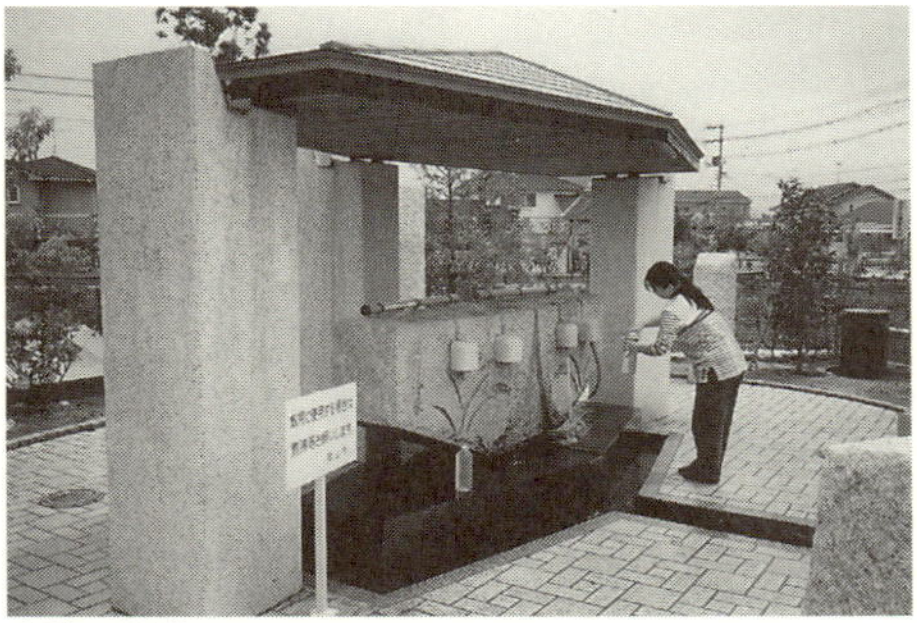

雄町《おまち》の冷泉《れいせん》（岡山県岡山市、名水百選）
雄町の冷泉は旭川の伏流水で、代々池田藩の殿様のお茶の水と伝わってきた軟水の名水。岡山はきれいな地下水が豊で、今でも水道水から軟水の名水が飲めるところが多い。

桜井戸（山口県岩国市、名水百選）
桜井戸も岩国藩吉川家の殿様のお茶の水として代々伝わる。広島藩の有名な茶人、上田宗箇も好んだ極めて良質な軟水の名水で、とてもおいしい。

かつては船着き場が桜井戸の
近くにあって、この水のおかげで
瀬戸内海を長期航海しても
コーカイしなかったそうだよ。

スイ・メイちゃん

いきなり「海軍と名水」と書くと、驚かれる読者がおられるかも。名水と海軍？　なんの関係があるのか？　実は旧日本海軍は、名水にとてもこだわっていたのです。これまで知られていませんでしたが、旧日本海軍は、腐らない軟水名水を求めたようです。私はこれを「海軍軟水名水論」と名づけています（1〜3）。DAIGO風に名づけると、KNM説ですね。海軍のK、軟水のN、名水のM。

広島県呉市はあの巨大戦艦大和のふるさとでもありますが、ここに海軍軍港が設置されたのは、近くの休山《やすみやま》の中腹に「真梨清水《しんなししみず》」という名水があったことが設置選定の大きな要因であったと、つれづれケンコー（健考）しています。

赤道を越えても腐らない水

一八八三年（明治一六年）、「軍艦第二丁卯艦（東郷平八郎艦長）に乗った肝付兼行少佐ら五名の一行は、当時呉浦というさびれた寒村であった呉を調査し、海の深さや地形、気象などを詳細に調べ、さらに休山中腹の真梨に、豊かな湧水を確認しました。この真梨清水は江戸時代から、汗疹や万病に効く霊泉と、地元では評判の霊泉でもありました（写真6 - 1）。

しかも、軟水で腐りにくい名水であったのです。肝付少佐は、「真梨に清水あり」と報告しており、これが呉に海軍鎮守府設置が決まった大きな要因であったようです。実際この名水は「赤道を越えても腐らない」とも言われ、また、同じように、呉の地酒の〝千福〟も「赤道を越えても変わらない酒」

と言われ、変質しにくい水や酒と評判でもありました。

腐らない水は海軍にとって大変重要で、特に南太平洋、赤道海域まで出撃する呉の艦船は、熱帯で水が腐ると戦どころではなくなります。明治時代当時は、塩素殺菌などの技術は未だ導入されていませんでした。だから、天然の腐らない、変質しない軟水は貴重だったのです。

この真梨清水は硬度三〇mg／Lくらいの軟水でとても清冽、しかもラドンを含むれっきとした冷鉱泉で、現在でも菌の増殖を抑制する効果があることを、私は実験で認めています。明治時代当時、ラドンの存在は全くわかっていませんでした。

一方、千福の酒は、呉の北に位置する灰ヶ峰《はいがみね》の伏流水で醸造され、これも昔は軟水。広島の軟水醸造法で造った酒は変質しにくいことが知られていて、一方、硬水や中硬水で醸造した灘や伏見の酒は一年以上経つと老《ひ》ねる、とされ、色や香りが大きく変質し、おいしくなくなることが知られていました（4章）。船で赤道を越えて帰国してきた千福酒がほとんど変質していなかった事実や、南の熱帯の島のサイパンやラバウルなどで、海軍御用達の呉の千福を飲み、呉で飲んだ味と変わらないと、多くの海軍の兵士が称賛したことからも、赤道を越えても変わらない、というコピーが広く流布されるようになったのでしょう。

写真 6-1　真梨清水。この腐りにくい軟水名水があることで、呉に海軍が来て町は発展した。

したがって呉の町は、鎮守府ができ軍港ができ、造船所や鉄鋼所もできました。そして、多くの兵隊や工場従業員および家族が来て、食料品などの製造業や土木建築業も大いに発展し栄え、一九四五年（昭和二〇年）の終戦当時は人口約四〇万人と、現在の約二倍の人口を誇っていました。私の両親も、二人で徳島の田舎から呉の海軍工廠に来ました。呉の町は腐りにくい名水があったことで栄えた町なのです。これが健さんの海軍軟水名水論（1～3）です。

旧海軍の将校さんは〝きき水〟名人

呉にも神戸にも、東郷井戸と呼ばれる井戸が残っています（写真6－2）。日露戦争の日本海海戦で、ロシアのバルチック艦隊を打ち破ったあの東郷平八郎元帥が、おいしいといった井戸水です。それは、ほぼすべて軟水のきれいな水で、みな腐りにくい水質だったと推定されます。

東郷さんに限らず昔の海軍の将校さんは、舌で腐りにくい水と腐りやすい水をきき分けていたようです。水質分析や塩素殺菌の発達していない明治の当時、舌のみが腐りにくい

写真6-2　東郷井戸。呉宮原5丁目の旧神原《かんばら》湯《ゆ》（銭湯）に現存。東郷さんはよくここを訪れ、そばの縁側に座って「この水はうまい」とよく言っていたと伝わっている。裏手に旧東郷邸があった。

水を決める唯一つの手段であったのです[1、3]。この判断を誤ると、航海《こうかい》に出た後、水が腐り大いに困ったようです。これをコーカイ（後悔）先に立たずと言います。前述の肝付少佐も、舌で真梨清水の良さを識別していたのです。舌《した》で海軍を呉に導いたのです！　シタたか、だったかもしれませんね。

戦艦大和は腐りにくい軟水の名水を積んでいた

戦艦や潜水艦は海軍ではいわゆる一等艦で、食料や水は最上のものを積んでいたと言われます。その中でも、戦艦大和は軟水名水を積んでいたと推定されます。これも海軍軟水名水論の一部です。

私の父は海軍工廠で戦艦大和の製造にもかかわった現場の職工でした。戦艦大和の魚雷の防御区画や伊号潜水艦の耐圧試験などをやっていたそうです。伊号潜水艦で伊予灘に試験航海に出て潜航した時、水漏れはないものの何らかの理由で浮上できなくなり、艦長以下全員死を覚悟した時、最後の試みとして艦長が何か命令を出して、ようやくゆっくりと浮上し出して助かった、「あの時死んでいたら息子のお前はおらん」とのこと。戦闘爆撃機三機も搭載した大型航空潜水艦伊四〇〇号の話も、よくしていました。また「大和のラムネが抜群にうまかった、水もうまかった」とよく言っていました。

戦艦大和には、艦尾にラムネ工場があり、ラムネを製造していました（写真6‐3）。水が悪いとラムネもうまくない。「大和が呉に寄港すると、こぞって他の艦からラムネを取りに運搬船が集まって来ていた」といっていました。呉の市販のラムネよりうまかったらしいです。また、大和の兵員のご飯はうまかった、という多くの評判もあり、これも良い水でないと難しいことです。

おそらく呉からは、真梨系の軟水名水か、二河川に今も残る海軍用水取水口の水か、その上流にある、本庄水源地の軟水名水を積んで船出していたものと思われます。海軍用水取水口のすぐ上に深みがあり、昭和三〇年代、健さんは何回か泳いだことがありますが、河川川底にも冷たい湧水があり綺麗なおいしい水が(当時はおいしい水は呉では当たり前でしたが)大量に湧いていたのを記憶しています。呉の正面にそびえる灰ヶ峰西側の伏流水です。本庄水源池の上流の水源となる灰ヶ峰北側には、中腹に軟水名水の湧水が今もあります。

写真 6-3　戦艦大和の右舷後方（円内）、25mm 対空機銃の後あたり（白矢印）にラムネ工場があった。大和は最下部燃料タンク（約 6000 トン）の上に約 500 トンの真水を積んでいたという。写真は大和 10 分の 1 スケールモデル。（写真協力：呉市海事歴史科学館「大和ミュージアム」）

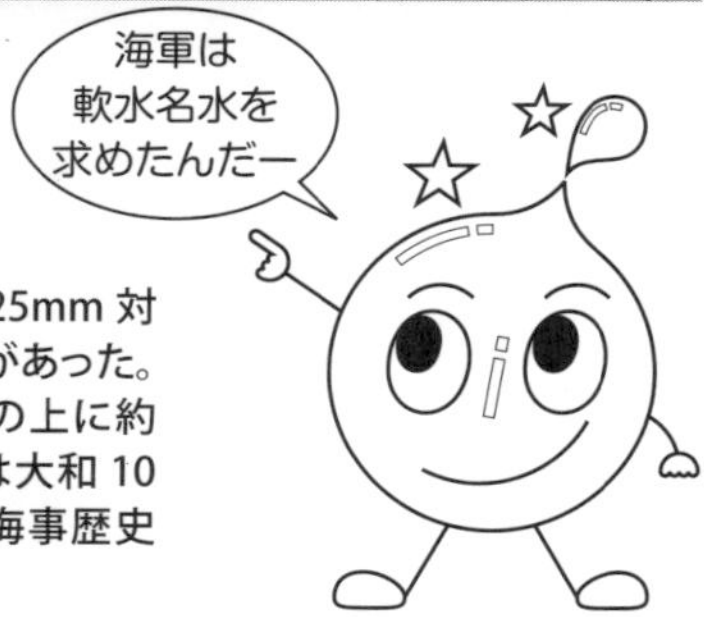

この世界の片隅に……名水アリ

二〇一六年（平成二八年）に全国的に大ヒットしたアニメ映画「この世界の片隅に」は、戦時中、広島から呉に嫁いだ主人公すずの生活を通じて、戦争の恐ろしさ、平和の大切さをやんわりと、重く語りかける素晴らしい映画でした。すずの声優には、あの「あまちゃん」の、〝のん〟さんが担当し、これも評判になりました。特に絵が素晴らしく、一九四九年（昭和二四年）生まれの健さんにも記憶にある呉市市街地の古い街並みや風情が見事に再現されていて、広島の原爆ドームや、すずの実家の江波周辺を知る戦中派も絶賛でした。

この映画の中で、すずが呉の灰ヶ峰南側の中腹にある長ノ木《ながのき》という所に嫁いできて、共同井戸で水を汲み、天秤棒で家に運ぶシーンが出てきますが、あの水は軟水の名水であったと思われます。原作者こうの史代《ふみよ》氏や片渕《かたぶち》須直《すなお》映画監督もご存じないでしょうが、あのあたりの地下水はまず名水中の名水。すずは広島から嫁いできて軟水の名水を飲んでいたことでしょう。すずの北條家があったと推定される上方には、灰ヶ峰湧水、金名水《きんめいすい》、銀名水《ぎんめいすい》という湧水が今もあり、きれいな軟水の名水です。

灰ヶ峰南側山麓には、千福《せんぷく》、大内山《おおうちやま》、満潮《みちしお》という三酒造場がかつてあり、軟水名水の伏流水を生かして、甘口のソフトな酒を醸していました。千福は今も健在で広島を代表する醸造家の一つです（最近は辛口酒?・）。

「この世界の片隅に」という名作映画の片隅に、軟水名水が存在していたことも、たぶん健さんしかわからないので、コメントしておきたいです。

ＳＬ機関区の水は軟水名水

呉の海軍を軍需荷物の輸送で支えた旧蒸気機関車ＳＬは、軟水を積んでパワーを発揮していたようです。わが国の蒸気機関車は小型で高出力が特徴です。これにはボイラーの小型化、高熱効率が要求されますが、軟水の水の良さも、このハイパワーを支えていたのです。硬水だと、ボイラー内の水管の内壁に、カルシウム、マグネシウム等のスケール（水垢）がたまりやすく、熱伝導が落ち、パワーが低下しやすいのです。しかし、軟水だとスケール蓄積を防ぐことができ、パワーが出せるのです。

日本は坂が多く、小型でハイパワーな機関車が要求されたのですが、軟水がこれらの重量物輸送、坂道輸送を支えていたのです(4、5、6)。もちろん、清缶剤というスケールのたまりにくいボイラー薬剤も開発されていましたが、水自体の水質の良さは代え難いものでした。機関区と言われる蒸気機関車に石炭や水を供給する基地は、いずれもできるだけ軟水が得られる所に立地していたようです。呉駅の海側に広いＳＬ機関区がありましたが、この用水も軟水の名水であったことは間違いないでしょう。京都の梅小路機関区は、昔からＳＬの基地として有名でしたが、中硬水の多い京都や大阪でも、このあたりは比較的軟水で、きれいな水が得られたものと思われます。

私の勤める広島国際学院大学の近くに、瀬野川機関区という旧国鉄のＳＬの基地がありました。水や石炭の供給、修理、整備を行うのが機関区です。ここ瀬野―西条間は現在でも山陽本線最大の急な坂道で、二重連、後押しと、蒸気機関車を複数配置して、ヨイコラ、ヨイコラと坂を登っていったものです（写真6‐4）。この瀬野川機関区の水は硬度二〇mg／L以下の、極めて清冽な軟水でありました(6)。人が飲んでも誠においしい。

広島機関区、今のマツダスタジアムのあるところ一帯は大きな機関区で、一九七〇年代までSLもたくさんいました。しかし、特にパワーが必要とされる瀬野坂には、水の良い瀬野に特別に機関区を設置したと言われています。SLよりもハイパワーな現在の電気機関車でも、力が足りず後押し計二台で、この坂を登って行っています。機関区は広島です。電気機関車には軟水名水が必要ないから、名水の出る瀬野川機関区が不要になったのです。SLの名水の里、瀬野の町は、今ではすっかり寂れてしまいました。

写真 6-4　瀬野の急坂をヨイコラ登る SL。最後尾に後押しするSLの白煙が見える。（河杉忠昭著、『山陽路を駆けた騎士たち』より転載）

帝国海軍水蓄式大油槽

世界三大馬鹿事業と昔よく言われたのが、万里の長城、エジプトのピラミッド、戦艦大和です。多大な労力、お金、時間をかけた割には、ほとんど役に立たなかった、というもの。設計、製作に従事された方々には誠に恐縮なのですが、現状での判断です。

戦艦大和も多大の労力や新技術を導入して呉で建造されたのですが、完成時はすでに航空機全盛時代。活躍の場はほとんどなく、沖縄戦に参加すべく、片道燃料しか積まず出航して（いわゆる特攻攻撃）、東シナ海でアメリカの航空機による攻撃で撃沈されました。役に立たなかった典型例と多くの評論家が言っていますが、今、呉市海事歴史科学館（大和ミュージアム）の観光客集めには大いに役に立って、現代の呉市観光に貢献しております。

実は呉にはもう一つ、あまり知られていませんが、超役立たずの大規模軍事施設があったのです。呉市広町《ひろまち》にある「帝国海軍水蓄式大油槽」です。直径二〇メートル、深さ約四〇メートル、約一万トンの巨大地下原油タンクが、百十数本も密かに建設されていたのです。地上なら、高さ四〇メートルの巨大タワー

写真 6-5　幻の原油タンク「帝国海軍水蓄式大油槽」。地下名水を底とした底なしタンク。呉市のごみ埋め立てに使われていた（1985 年頃）。

百十本が、にょきにょき立っているのを想像してみてください。長崎軍艦島より大規模なすごい施設です。これらタンク群も完成時には敗戦濃厚で、蓄える重油もなく、一部を使っただけで大部分は使われないままです（写真6‐5）⑴。

なんと底なし巨大タンク、名水が底

ところが何と、これらの巨大タンクは、底のない底なしタンクだったのです。広大川《ひろおおかわ》のデルタ地帯に建設されたこれらのタンクは、豊富な地下水を底として、重油を地下水の上に貯蔵する独特の設計でした。世界に類を見ないもので、今なら世界遺産に匹敵します。地下水を排水し重油を貯蔵すると、温度が一四～一六℃に年中保たれ、油の蒸発損失や引火《いんか》の危険性も少なかった、インカ帝国にはなりにくかったのです。地下で、敵の攻撃も受けにくいことも考えたようです。これは海軍建築局長、真島健三郎博士の設計で、真島博士は一九一七年（大正六年）、呉に赴任。広町の地下は四〇～六〇メートルのデルタの砂の堆積層で覆われ、掘削は容易、しかも地下水も豊富ということに着目し、一九二三年（大正一二年）より建築したのです。このタンク群は一九二九年（昭和四年）、東京での万国工学会議で発表されると、大評判になり、評価があまりにも高かったので記念碑まで広町虹村につくられました。

記念碑は現存しません（碑文は残っている）。戦後、このタンクの敷地に進駐軍（はじめアメリカ、後オーストラリア）が進駐してきた時、行方不明になったとのことです。進駐軍はかまぼこ型兵舎を多く建設し、青や赤、黄色に屋根を塗ったので、この地に、虹村という新たな地名が生まれました。

この底なしタンクの地下を支えた水が、実は軟水名水だったのです。タンクができる前まではこの地区の地下水を桶に積み、広町で売り歩いていたそうです。「どんごいしょ」（井戸を掘ること）、と言って売っていたようです。戦後、この広大なタンクの地域は放置されていて、地元の方がタンク周辺で麦や野菜を作っていたのですが、このどんごいしょ名水を灌漑に用いたそうです。海のそばなのにきれいで塩分はなく、人が飲んでもでもうまかった、と言っていました。

私も子どもの頃、近くの休山《やすみやま》から、これらタンクの穴が多く広がっていたのを、なんだろうかと思って眺めていました。一九八五年頃、広町の名水の調査をしていて、このタンクの上流の地下水は軟水の名水であることを実証しました。世界初で最後の、水蓄式大油槽を支えたのは、軟水の名水だったのです(7)。戦後、このタンクの穴は呉市のごみ処理場となり順次埋め立てられ、一九八七年には最後のタンクがごみで埋め立てられるのを目撃しています。道路には埋め立て後の地盤沈下で、タンクの丸いコンクリート枠が五～一〇センチ道路より浮き上がっており、これはつい最近まで〝タンク通り〟として見ることができました。今は工場街になっています。

ちなみに、戦後はこの軟水名水を利用して、東洋パルプという会社がパルプを製造していました（現・王子製紙）。実は、一トンのパルプ製造には二〇〇トン以上の軟水の名水が必要とされています。今もタンク群の上流側にある軟水名水の地下水（どんごいしょ名水）を利用しています。

コラム

大山のぶ代さんとのテレビ共演

海軍軟水名水論は、私が三〇年以上前から地域の雑誌（3、4）に書いたり、本（1、2）に書いたりしていることですが、ある時NHKの全国番組で取り上げられ、大山のぶ代さん（ドラえもんの声優さん）と一緒に、海軍関係の井戸や真梨清水をレポートして回ったことがあります。大山さんは水の著書もあり、厚生省のおいしい水研究会で、おいしい水の基準を決める委員会の委員もされた方です。テレビでは、呉の町はこの腐りにくい名水で成り立ち発展してきたということを、大山さんがまとめて発言されました。番組には私も出演し水質分析を行い、軟水であることを説明し、海軍軟水名水論を主張はしたのですが、カットされました（写真6・6）。

後日、私がいろいろな所の講演会などで私の海軍軟水名水論を話すと、「それは先日ドラえもんがNHKテレビで言ってた。先生、有名人のパクリはいけんよ！」等のコメントが多く出て、困惑したこともありました。担当ディレクターへ、少々恨み節を言っ

写真 6-6　NHK 全国放送で大山のぶ代さんに持論の「海軍軟水名水論」と真梨清水の水質を説明する健さん（左）。

たものです。

ただ、大山のぶ代さんは真梨清水の軟水より、日本酒醸造の中硬水のほうがおいしい、と言っておられるのが、私には印象的でした。東京恵比寿のお生まれで恵比寿の水で育ったと言われていたので、中硬水がおいしく感じられたのかもしれません。人は幼少期育った水の味を好む傾向があるからです。大山さんは軟水より中硬水のほうがお好みのようでした。

7章 軟水人間論

うちぬき（愛媛県西条市、名水百選）
伊予西条のうちぬきは、霊峰石鎚山からの伏流水で、西条市街至るところに水量の多い湧水が見られる。超軟水に近いまれに見る軟水で、わが国を代表する名水の一つ。

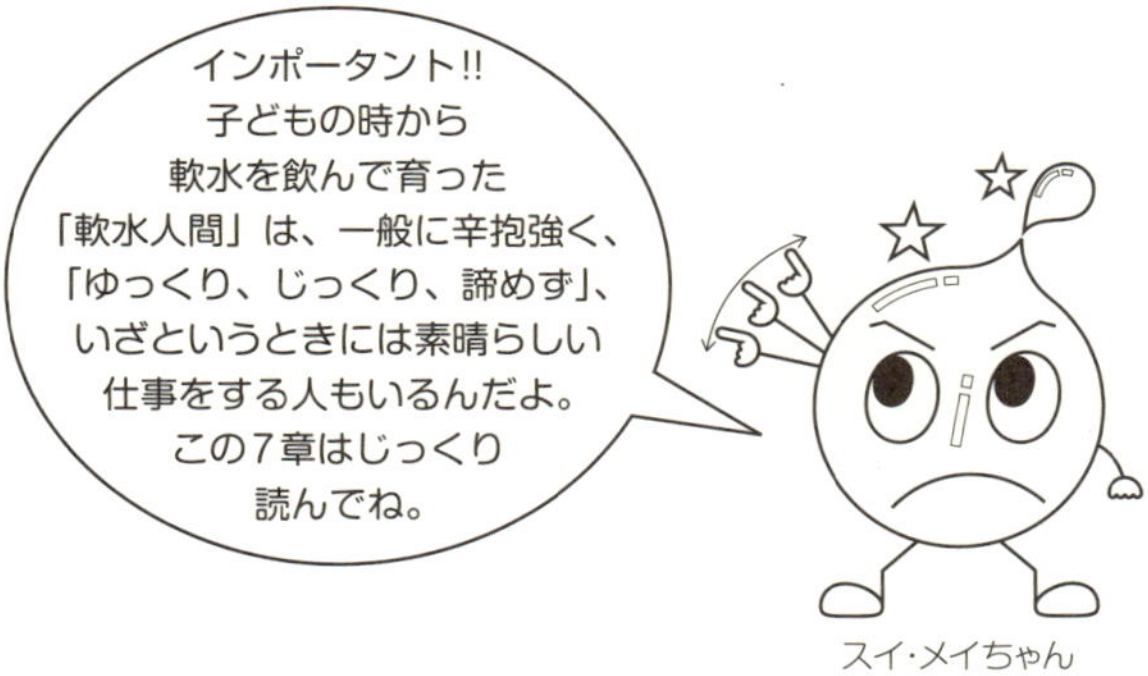
インポータント!!
子どもの時から
軟水を飲んで育った
「軟水人間」は、一般に辛抱強く、
「ゆっくり、じっくり、諦めず」、
いざというときには素晴らしい
仕事をする人もいるんだよ。
この7章はじっくり
読んでね。
スイ・メイちゃん

五章でも述べましたが、カープ（鯉）は軟水ですくすく育ちます。でも、軟水では色や容姿は今一つ、見栄えがしないということを科学的に明らかにしました。ヒトにも軟水は確実に、多方面に影響を及ぼしています。「軟水人間」です。

カープは軟水で強くなる

広島東洋カープは二〇一六年、二五年ぶりにセ・リーグ優勝を成し遂げました（写真7-1、写真7-2）。広島の街は〝真っ赤〟に染まり、街中は大騒ぎでした。残念ながら日本一は逃しましたが、カープファンは溜飲を下げる思いで、この年の初夏頃から見守りました。特に、黒田博樹、新井貴広両選手をはじめ、タナ・キク・マル（田中広輔、菊池涼介、丸佳浩の三選手）らも活躍が光りました。ここでは、「広島東洋カープは軟水で強くなってきた」という〝カープ軟水人間論〟について、つれづれケンコー（健考）してみましょう。

広島東洋カープの歴史をじっくり考えても、錦鯉と同じで、かつての昭和時代のカープは軟水で強くなってきたのです。あの、一九七五年の、セ・リーグ初優勝の時の感激は今でも忘れません。広島の街中では、ちゃぶ台をひっくり返したような大騒ぎでした。繁華街には人と酒樽があふれ、どの商店も振る舞い酒を出していました。あのような広島皆笑顔は、かつても今も見たことがありません。二〇一六年の大騒ぎ以上の大熱狂でした。

それもそのはず、カープは、市民が設立し、樽募金など募金をしてまで、市民が存続させた弱小球団でした。一九七五年当時は、セ・リーグのお荷物のような存在でした。巨人、阪神戦以外は、紙屋町《かみやちょう》の旧市民球場はがらがら。我々のような金のないカープファンは、巨人、阪神戦には行きません。ほうっておいても人が入るからです。ガラガラになる、大洋（現・DeNA）戦、国鉄（現・ヤクルト）戦などを選んで行ったものです。売り上げに協力するために。

当時のカープの選手は、多くは広島や西日本出身でした。山本浩二、山本一義、三村敏之、大下剛史、佐伯和司、道原裕幸、選手等、皆、軟水で育った選手が多かったのです。衣笠祥雄選手は京都出身ですが、軟水地帯出身で、おそらく広島の水が合ったのでしょう。助っ人のホプキンス、シェーンという硬水人間もいましたが。シェーン！　カムバック！

写真 7-1　25 年ぶり、7 回目となる広島カープのセ・リーグ優勝を記念するパネル。JR 広島駅構内に設置され、多くの市民、観光客が足を止めて記念撮影を行っていた。

軟水人間はゆっくり、じっくり、諦めず

カープの選手は軟水人間がほとんどでしたから、すべてが速くありません。ゆっくりとじっくり、

諦めず、がモットーです。今でいう草食人間系。しかし、今の草食人間とは全く違います。彼らはゆっくり、じっくりは同じですが、すぐに諦めます。粘りがありません。これが軟水人間との大きな違いです。

一方、派手で強力なスター選手が多くいる巨人や阪神等は、硬水か中硬水で育った人間が多いのです。一般的に、肉食系で、パワフルで力強く、動きも俊敏です。派手でパフォーマンスも上手、スター素質が多いのです。「速く、パワフル、機転良し」の硬水人間です。今の肉食系との違いは、集中力でしょう。今の肉食系若者には、派手で動きや気変わりは早いですが、集中力が続かず、仕事がすべて中途半端が多いです。

しかし、カープの選手は、軟水でじっくり、粘り強く育成され、ついにセリーグ優勝、さらに日本一と輝いたのです。球団設立二六年目でし

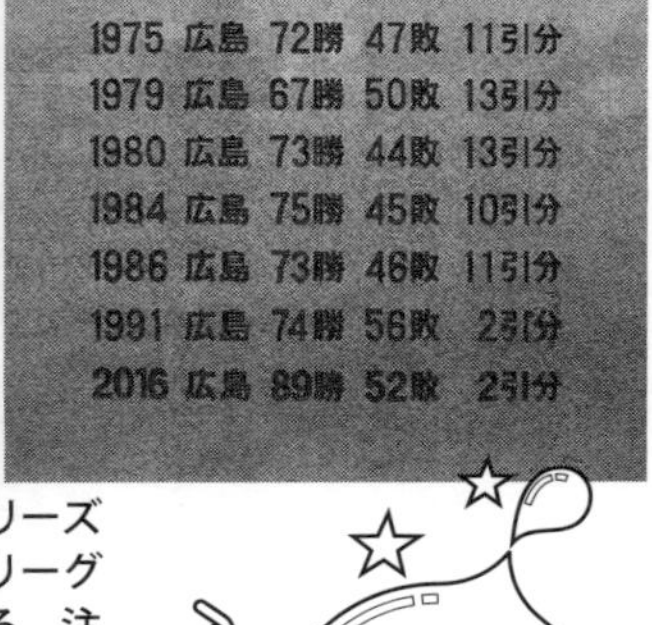

写真 7-2　旧広島市民球場跡のカープ日本シリーズ V3（1979、80、84 年）記念碑とセントラルリーグ V7 記念碑。電車通りを隔てて原爆ドームがある。注目すべきは 1975 ～ 1991 年の優勝時は引き分けが多く、「じっくり、諦めず」の軟水人間野球で、かろうじての勝利が多いことが推定できる。2016 年は 89 勝で、打ちまくって硬水人間野球で勝利していると推定できる。

た。かつてのカープの選手は、一般に派手なプレーができません。剛速球を投げるピッチャー、ホームランバッター、タイムリーを期待通り打つ選手は、あまりいなかったのです。あの山本浩二選手も、一九七五年少し前から、ようやく育ってきたのです。あの衣笠祥雄選手も、チャンスの時には大空振りをしてファンを失望させる名人でしたが、でもチャンスに関係ない時に良く打ち、連続出場二二一五試合という大記録を成し遂げ、カープに貢献しました。軟水人間の多いカープだからできたことです。派手さがない分、打たせて取る、走る（盗塁）、バントと、相手を混乱させる、頭脳プレーと投手力で勝利を得てきたのです。初優勝に導いた古葉竹識監督は、選手の能力、軟水人間であることを知りぬいて、チームを引っ張ってきたのです。山本浩二監督も自身が軟水人間ですからよくわかっていて、監督になってからもリーグ優勝を果たしています。典型的軟水人間の仕業ですネ。

カープを出ると三～五年程度の活躍

よくカープで活躍し、巨人に移籍した選手がいました。江藤智、川口和久、木村拓也、大竹寛選手などです。もともと広島で、軟水で、力をじっくりつけてきた人なので、関東で硬水を飲むと一時的に力づいて三～五年は活躍できましたが、結局そこまで。カープ在籍だったらもっと長く活躍できたのに、と残念です。

金本知憲選手は、広島出身でカープでじっくり育ち、阪神に移りました。私は彼も三～五年程度の活躍になると、講演などで公言していたのですが、なんと阪神でも大活躍。あれーと思ってよく調べてみると、彼は地元広島によく帰り、広島のトレーナーと組んで、広島風のトレーニングを行っていたのです。もちろん、軟水を飲んでいたに違いありません。だから阪神にいても、じっくり活躍できたのです。一方、新井貴浩選手は、典型的広島出身の軟水人間。広島でじっくり育成されたのに、それをふりきり阪神の中硬水を飲んで、あまり活躍できませんでした。広島に帰ってからは水が合ったのでしょう、二〇〇〇本本安打を達成して活躍しています。黒田博樹選手はもともと硬水人間ですから、ドジャースやヤンキースでも、どこでも充分活躍できます。広島でまた軟水を飲み、じっくり野球ができれば、もっともっと長く活躍できたでしょうが、残念ながら二〇一六年で引退しました。前田健太選手も硬水人間なので、ドジャースで充分活躍できるでしょう。

ただ、ここ二五年優勝がなかったのは、せっかくの軟水チームなのに、軟水人間がチームを引っ張っていないからです。マーティ・ブラウン、野村謙二郎、緒方孝市の各監督は、基本的には広島出身の軟水人間ではありません。本人たちになまじ才能があるために、軟水人間論、ゆっくり、じっくり、諦めずのマインドが、わからないのです。だから焦って、代打起用やピッチャーや選手交代を告げて、結局負けが多いのです。若手登用もすぐ切り替えます。競争させすぎるのです。もっと軟水人間のじっくりさを見て、がまん、適切に判断する姿勢が必要です。また、ゆっくり、じっくり若手を育成する姿勢も必要で、身近な結果のみ追求し、ゆっくり、じっくり育成をおろそかにする、外国人助っ人に頼る姿勢も改めなければ、真のカープの強さは出てこないのです。出たとしても一時的なものでしょう。

二〇一六年、カープ二五年ぶりのセ・リーグ優勝

と、このようなカープ軟水人間論の本音を書いて、二〇一六年六月に原稿を脱稿したところ、編集の間にあれよ、あれよとカープは快進撃、ついに二五年ぶりのセ・リーグ優勝を果たしました。軟水人間たちの勝利と思われますが、半分正しく、半分正しくない。広島の我々のような古いカープを知る人間には、うれしいけど何かちょっと違うなー、と感じる人も多いのです。

若いカープファンや、若いカープ女子は、昔のカープの努力や苦闘を知らないので、快進撃に〝神《かみ》ってる！　うれしい！　サイコーです！〟ばかりですが。

野村祐輔、クリス・ジョンソン、黒田博樹という投手陣の大活躍や、特に、タナ・キク・マルと、ブラッド・エルドレッド選手のヒットやタイムリーの打ちまくり、新井貴浩と鈴木誠也および松山竜平各選手らのしぶい、チャンスに強い活躍などなど、軟水人間の野球ではなく硬水人間のような大活躍、打ちまくって、これでもか、という野球でした。まるで、かつての巨人、阪神のスター選手らの大活躍を見るようで、大変うれしいけれど、なにか淋しさ、物足りなさを感じているのです。走って、バントして、四球を選び、ミスを誘い、ちょこんとしたヒット、山本選手や衣笠選手、外国人選手の時たまのホームラン、先発投手はほぼ完投する、という、広島カープの鍛え抜かれた軟水人間野球があま

り見られなかったのです。田中、菊池、丸、鈴木選手らも、また、野村、ジョンソン、黒田選手らは、数年で頭角を現した、たぶん、天賦の才能のある、スター性のある、硬水人間でしょう。硬水人間黒田選手を見習った（見習えた）のは、硬水人間の若手のみでした。

ただ、古い保守的なカープファン達が救われたのは、軟水人間である新井貴浩選手、捕手の石原慶幸選手たちが、陰となり選手たちをまとめ、コーチ陣も緒方監督をよく支えたという事実です。特に、石原選手のあまり表面に出ない軟水人間的投手リードは、野村、ジョンソン、黒田選手らの勝利に大きく貢献していると言ってよいでしょう。これは明らかに、軟水人間の仕業でしょう。本人は打撃ではぱっとしなかったのですが、守備が評価されゴールデングラブ賞を受賞しました。

二〇一六年のセ・リーグ優勝は、若手スター選手たちや外国人の硬水人間的大活躍と、新井、石原選手やコーチ陣の軟水人間によっても支えられて得られたものの五分五分、とつれづれケンコー（健考）しています。

黒田選手はカープにとっては特別な存在でしょう。あの競争の激しい米大リーグ、ドジャースとヤンキースを堂々と渡り歩いたのは、「じっくり、ゆっくり、諦めず」の軟水人間には到底不可能なことでしょう。彼には特別のオーラが漂っていると、多くの人が言っています。カープに帰ってきて、硬水人間である緒方孝市監督の下だからこそ、才能をフルに発揮できたのでしょう。これが軟水人間である古葉竹識監督や山本浩二監督では、能力が発揮できなかったかも。

彼の硬水人間としての振る舞いが、同じく硬水人間である、田中、菊池、丸、鈴木、野村選手ら若手に力を与え、カープの独走的セ・リーグ優勝に結びついたことは確かなようです。ただ、今のカープは硬水人間が打てなくなると、途端に負け、負け、負け。日本シリーズの後半戦の連敗がよい例です。軟水野球なら、あの時半分は勝てたのです、たぶん。二〇一六年の勢いが今後も持続するか、軟水人間ファンとしては大変心配です。

サンフレッチェ広島は軟水人間

もう一つ、学ぶべきはサッカーＪ１、サンフレッチェ広島の森安一監督です。彼はマツダの企業チームで下積みが長く、派手な選手ではありませんでした。しかし、後述のようにマツダ自体が軟水人間企業ですので、じっくりゆっくり、粘り強く、諦めず。また、広い世界を見て育っていますので、選手起用が的確で、これは軟水人間、これは硬水人間と識別して選手起用を行っているようです。若手育成をじっくりやり、Ｊ２に降格したこともあるサンフレッチェを、三回のＪ１優勝に導いたのです。まさに、軟水人間論の真髄を行く監督であると思います。

彼は人柄も良く、非常に丁寧で礼儀正しい人です。有名になった今でも、その姿勢は変わりません。まさに、典型的広島の軟水人間と私は思います。派手なことはありません。ちなみに、サンフレッチェ（三本の矢）のふるさとは、広島市の郊外、吉田町の郡山城《こおりやまじょう》です。毛利元就の居城跡もあります。今でも、毛利元就が飲んだ名水が現存しています。ふもとの清神社《すが》裏に湧く五龍水《ごりゅうすい》で、これは硬度二〇㎎／Ｌ

以下の典型的な清冽な広島型軟水名水です(1)。サンフレッチェの選手は、毎年この清神社を参拝し、元就が残した三本の矢の教訓を再認識しています。毛利元就も、吉田の小豪族から約四〇~五〇年かけゆっくり、じっくり、諦めず、知略を駆使して中国地方を統一した大大名になりました。典型的軟水人間です。

三本の矢の教訓とは、一本ではすぐ折れるが三本まとまると誰も折れない、協力し合って、ことにあたれ、という毛利元就の三人の息子(毛利隆元、吉川元春、小早川隆景)に対する教えです。サンフレッチェはこれを遂行、実践し、かつてのカープもこれをじっくり、しっかり協同という意識を守っていました。今カープには、広島の軟水人間ばかりでなく、東京、大阪や他地区出身選手が多く、あまり和、協同という意識が表面上だけしか感じられません。競争ばかり強いているようです。緒方監督は原点に返って、勝ち続けるために、広島軟水人間論を森安監督のように学習すべきです。

マツダは軟水企業、軟水人間の力を発揮する企業

今では世界に知られた中堅自動車メーカー、マツダの現本社の近くの青崎というところに、創始者、松田重次郎の産湯の井戸(写真7-3)があります。現在、井戸は使われておらず、水質はすでに良くないのですが、この青崎地区には二〇年近く前までは、昔ながらの共同井戸が周辺に多く現役で残っていました。皆、軟水、硬度一〇~二〇mg/Lで、とても清冽な軟水の名水でした。海が近

いのにこのような軟水が大量に得られるのは、太田川の支流、猿猴川《えんこうがわ》や瀬野川の大量の伏流水が流れ込んでいるからでしょう。

松田重次郎はこの豊富な軟水で育ち、東洋工業（マツダの前身）を設立し、大成功しました。自動車用ロータリーエンジンを長年量産し続けた世界唯一の企業として、技術は絶大なものがあります。この技術開発に携わった技術者の軟水人間のゆっくり、じっくり、諦めずのチカラは、今のスカイアクティブエンジン開発発に大いに引き継がれています。

この地は比治山《ひじやま》の山影で、原爆の熱線や爆風が遮られ、昔ながらの広島の町の風情が最近まで残っていました。今は開発でビルが多く建ち、名残をとどめていません。

写真7-3　マツダの創始者・松田重次郎の産湯の水を取った井戸（広島市青崎）。軟水に育まれた彼は、二代目・松田恒次に軟水人間スピリッツを引き継いだと思われる。

青崎では軟水が豊富、山口防府も豊富

マツダ（旧東洋工業）がこの青崎に立地したのは、軟水の名水が豊富にあったからです。金属の加工過程で、水で冷却したり、塗装する時に大量の清冽な軟水名水が必要となるからです。近くに日本

製鋼所という、かつては大砲の砲弾や魚雷を造っていた工場もありますが、精密加工技術を支えたのも同じ理由で、清冽な軟水があったからでした。砲弾や魚雷は少しでも寸法が違うと、正確に飛ばない、進まないからです。

今でも車産業は「水の商売」の企業です。一台の普通車を造るのに約一二〇トンの軟水が必要と言われています。松田重次郎は先見の明があったのです。今では青崎には軟水も少なくなり、工場の主力は軟水の豊富《ほうふ》な防府《ほうふ》に移っていますが。

ロータリーエンジンの実用化は軟水人間でこそ

マツダのロータリーエンジンの開発の苦労は有名です。広島の弱小企業が、不完全な、だが画期的なロータリーエンジン基本技術を買い取り、じっくり、ゆっくり、諦めず、完成させて実用化にこぎ着けたのです。ＮＨＫの「プロジェクトX」でも紹介されましたが、ロータリーエンジンの寿命を高めて実用化するまで、一つ一つの問題点を解決していきました。特におむすび型のローター（エンジン回転部）と側壁との気密を保つアペックスシールに適した素材を見つけるため

写真 7-4　世界初の実用化ロータリーエンジン（2ローター）。コスモスポーツに搭載。後方上は高出力 4 ローターロータリーエンジン。（写真協力：マツダミュージアム）

に、何万回という実験を諦めずに繰り返した末、当時としては画期的だったカーボン素材にたどり着き、ついに実用化に成功したのです。この時、当時の松田恒次社長のもと、山本健一技術部長（後の社長）や担当課員たちはじっくり、粘り強く、諦めずの軟水人間ならではの柔軟な発想が、ロータリーエンジンの開発に結びつきました（2、3）。

一時、排ガス対策と省エネルギー化で、ロータリーエンジンには逆風が吹き、マツダは経営危機を迎えました。フォードの支援を受け大幅なリストラと企業改革を断行し、何とか持ち直しましたが、その時の、逆境に立ち向かう軟水人間の、じっくり、諦めずという姿勢がなかったら再興はありえなかったでしょう（写真7-4）。

スカイアクティブエンジンも、ロータリーのスピリットで

今の、他メーカーにない画期的なガソリンエンジン、スカイアクティブエンジンの開発も、軟水人間なくしてはできなかったでしょう。スカイアクティブエンジンはロータリーエンジンではありませんが、ロータリー開発の時の自由な、あらゆるアイディアの持ち寄り等の発想と、気の遠くなるような実験の繰り返しが、随所に生かされています。世界初の一五気圧圧縮比を達成し、しかもノッキングという出力低下を極力抑えることに成功したのです。これに、排気管の改良やピストンリング上に小さな穴を設けて、高圧縮比でも高効率な燃料の燃焼と、トルク、回転力の改良に結びつけました。

これにより、ガソリン一リットルで三〇キロメートル以上走るという、他社のハイブリッド車とほぼ同等の燃費を達成しました。それと、オートマチック車でありながらマニュアル車のような走り、走る喜びを達成し、さらに、発電機の位置や排気管の工夫等に改良を加え、小型で高い出力、しかも省エネルギーなエンジンが開発されたのです。さらに、エンジンの力を車輪に伝えるトランスミッションにも大いに工夫を施し、燃料のパワーを最大限引き上げることにも成功しました(4)。これらの開発秘話を聞くとまさに、軟水人間の仕業、硬水人間ではまず不可能な、ゆっくり、じっくり諦めずで、開発されてきたのです。スカイアクティブエンジンは、ロータリーの生まれ変わりと言ってもよいのでは、と思います。

写真 7-5　超低燃費エンジン、スカイアクティブ G（左、ガソリン）とスカイアクティブ D（右、ディーゼル）（写真協力：マツダミュージアム）

このコンパクトなエンジンで、車のデザインも自由になり（このメリットは大きい）、デザイナーの能力もとことん発揮でき、今のマツダ車デザインは世界一とも言われます。販売も好調で、特に海外での販売に大いに結びついています。

マツダの車は、青崎の軟水名水が生んだ、広島のお宝、それを生み出した軟水人間のお宝なのです。

表 7-1　歴史上および現代の主な軟水人間（活躍した時代）

平清盛 （平安）	平家の棟梁。平家黄金期を築く。若いとき、安芸守として瀬戸内海の軟水のあるところを拠点とした。
徳川家康 （戦国～江戸）	「鳴かぬなら鳴くまで待とうホトトギス」と、ゆっくり、じっくり、諦めず、徳川 300 年の長期政権の礎を築いた。駿府（静岡）で今川家人質の幼年時代を過ごし、軟水的生き方に目覚めたのか？
上田宗箇 （戦国～江戸）	越前上田家の棟梁。戦国武将。織田信長、豊臣秀吉、徳川家康に仕え、安芸広島藩家老。上田流武家茶道（軟水利用）を起こす。
毛利元就 （戦国）	安芸国吉田の小豪族。周囲の大内家、尼子家等に翻弄されつつ、ゆっくり、じっくり、諦めず、中国地方を制し大大名となる。軟水の出るところにしか居城を築かなかった。
大石内蔵助 （江戸）	忠臣蔵。ゆっくり、じっくり、諦めず、主君の敵を討つ。普段は表に出ず、危機の時に力を発揮。
上杉鷹山 （江戸）	越後米沢藩藩主。九州秋月小藩より養子に来て、倒産寸前の藩財政を約 40 年かけて立て直す。質素倹約、リストラ、殖産興業をじっくり実践。アメリカ大頭領ジョン・F・ケネディが最も尊敬する人物として有名。
宮沢賢治 （大正～昭和）	「雨ニモマケズ……」で有名。ゆっくり、じっくり、諦めず、軟水人間の典型。長生きすれば、より素晴らしい実績を残せたと思われる。
森鴎外 （明治～昭和）	陸軍軍医部長を務めつつ、膨大な名作小説を残す。出身地、島根県津和野は軟水。医師としては、脚気細菌説（誤り）を、ゆっくり、じっくり、諦めず、実践。生き方は、典型的軟水人間。
三浦仙三郎 （明治～昭和）	軟水でも腐らない酒造技術開発に命をかけた。百試千改。失敗しても、ゆっくり、じっくり、諦めず、ついにどのような水でも安全に酒造できる軟水醸造法を発明。広島安芸津は軟水。
種田山頭火 （大正～昭和）	軟水の豊富な山口防府出身。軟水の名水を求め全国を放浪し、名水に巡り会えた地で水の名句を残す。
東郷平八郎 （明治～昭和）	薩摩出身。日本海海戦でロシア・バルチック艦隊を撃破、日本を救う。軟水のおいしい井戸水を「東郷名水」と呼ぶくらいのきき水名人。ゆっくり、じっくり、諦めず、連合艦隊を組織し指揮した。
松田重次郎 （大正～昭和）	自動車メーカー「マツダ」創始者。重工業、自動車工業に軟水が必須と、軟水の出る広島青崎に工場設置。ゆっくり、じっくり、諦めず、東洋工業を三輪車から四輪車企業へ育て上げた。
松田恒次 **山本健一** （昭和～平成）	マツダ・ロータリーエンジン開発。社長松田恒次の志を受け、山本健一部長を中心に軟水人間集団をリード。
古葉竹識 （昭和）	セ・リーグどん底の弱小球団の監督として、ゆっくり、じっくり、諦めず、広島カープを優勝、日本一に導いた。
広島カープ選手 （昭和）	山本浩二、衣笠祥雄、大下剛史、三村敏之、北別府学、大野豊、達川三男ら。
森安一 （平成）	マツダのサッカーチーム選手としてゆっくり、じっくり、諦めずを学び、サンフレッチェ広島の監督として、三度の J1 日本一に導いた。

歴史上の主な軟水人間たち

表7‐1に歴史上および現代の主な軟水人間を、健さんなりにリストアップしてみました。軟水人間は健さんのように基本的には控えめで、陰で力を発揮するタイプです。しかし、チャンスを与えられここぞという時には、ゆっくり、じっくり、諦めず、を発揮して、大仕事をすることがあります。これら歴史上に名前を残した軟水人間以外にも、表面に出てこない、愛すべき軟水人間は、たくさんいましたし、今もたくさんいます。健さんがこれはと思う人物について追跡してみました。つれづれケンコー（健考）も含みます。

軟水名水を求め全国を放浪した、きき水名人、種田山頭火

俳人、種田山頭火《たねださんとうか》は〝きき水〟の名人で、軟水名水を求め全国を放浪したというのが、「山頭火軟水人間論」です。これは健さんが科学的に明らかにしました(5)。

最近は、学生から「さんとうびってなんですか?」「やまあたまび? 火山のこと?」「山の山頂が火事になっている?」などと質問されて、話すのが萎えてしまうことが多いですが、東の松尾芭蕉、西の種田山頭火と言われる著名な漂泊放浪の俳人で、全国に多くの名句を残しています(写真7‐6)。

私は全国の名水を調査している間に、あることに気がつきました。軟水の、しかも硬度が低めの（一五

〜三〇㎎／L）清冽なおいしい名水が存在するところに、決まって山頭火の足跡があるのです。俳句の石碑があったり、喫茶店や食堂で山頭火の自筆短冊が飾ってあったりするのです（たぶん飲食費代わりに残したものでしょうが）。

九州や四国松山で次の俳句を見た時は、大変驚きました。

落ち葉する これから水が うまくなる

水の味も 身にしむ 秋となり

山頭火は、確実に硬度の低い軟水の存在を認識していた。彼は、きき水名人だ。と思いました。というのは、この句から、山頭火は秋になると水（天然水）がおいしくなると感じていたことがわかるからです。秋になると雨が少なく渇水期となり、天然水（沢水や浅い井戸水）の硬度や有機物量がわずかに上昇し、おいしく感じられるようになるのです。硬度が上昇すると言っても、軟水の範囲内での、わずかな変化であり、硬度が一五〜三〇㎎／Lで、有機物の低い清冽な軟水名水にのみ生じる現象なのです。私も長年の修練でわかりますが、お茶や料理の先生にも、この変化を識別される方

写真 7-6　漂泊放浪の俳人・種田山頭火。故郷の防府駅前像。（山口）

がいます。

そこで改めて、山頭火が旅した地域で、彼が水の俳句を残した、昔ながらの名水の残っている地域の水質調査（全国）を行いました。

苦労の連続でした。私の大学は旧名を広島電機大学といい、機械、電気、情報の物理系の大学で、私は一般教養で化学を教えていたのです。まず事務で、「さんとうひ？ なぜ工学博士の先生が俳句と関係があるのですか？」と出張は却下。図書館でも山頭火関連の本は「うちには文学部はないですから」と購入できず。すべて年休、自費で。子ども三人の家庭で、費用捻出にずいぶん苦労しました。幸い技術士資格を取っており少し副収入があったので、これを密かに回して全国を旅しました。時には家族旅行に行こうと説得して（だまして）、旅行のあいまに水を採取したりしました。だから、出版された名水紀行の本には、家族が小さく入っている写真もあります。ついには「お父さんと一緒ではお寺や神社や水ばかりでおもしろくない。動物園や水族館、サファリやアミューズメントパークに行きたい！」と家族旅行も却下。今では懐かしい思い出です。

幸い山頭火は克明な日記と、地方から友人に多くのはがきや手紙を送っており、どこで水の俳句を詠んだか追跡できました。調査の結果、山頭火は軟水の名水のあるところで水の俳句を残していることを実証しました。しかも多くは故郷、山口県防府《ほうふ》の地下水の水質に近似した水質に接した時、水の名句を残していることがわかったのです。防府は今も軟水の清冽な地下水が豊富です。この、「山頭火はきき水名人、彼は全国で故郷防府の名水の味に接した時、水の名句を残している」という佐々木仮説はいまだに覆されることはないようです。

ふるさとの　水をのみ　水をあび

硬水で水の俳句を詠んでいる？　佐々木仮説の危機

一九九〇年（平成二年）頃、信濃の山野辺、佐久岩村田《いわむらだ》で、自由律俳人、故関口父草《せきぐちふそう》先生を取材させていただいた時のことです。父草先生の父親が山頭火の俳友で、大正年間に山頭火がここに来て滞在したとのこと。彼が泊った部屋には多くの直筆の短冊やら色紙、巻物が展示してありました。「当時私は中学生で山頭火の世話をしました。肩もみもやらされました。柔らかかったですよ」と。

有名な、

風かをる　しなののくにの　水のよろしさ

の名句碑も玄関前にありました（写真7－7）。庭には井戸があり、今も現役の生活用水で、周りは田園地帯で昔とあまり変わらないとのこと。一口飲んでみて異様なことに気がつきました。軟水でなく、硬度七〇～一〇〇㎎／Lの中硬水だったのです。少し渋い後味です。そこで、父草先生に尋ねました。

「山頭火は本当にここで、この水の俳句を詠んだのですか？」と聞くと、不思議な顔をされ「あなたはどうしてそんなことを聞かれるのですか？　間違いなく巻物にあるように、ここで詠んだのですよ」と巻物に書いてある直筆俳句（風かをる〜）を見せられました。

「実は山頭火は故郷防府の軟水に近い水質に接した時、水の名句を詠んでいるようなのです。ここの井戸は軟水でなく中硬水なのです」と自説を話すと、じっと考え込まれ、「そう言えばこの巻物は閼伽流《あかる》山にハイキングに行った後に書いたもので、私も同行しました。山水を飲んでましたね。発句は閼伽流山かもしれませんね。でも書いたのはここです！」と言われました。巻物には多くの閼伽流山での発句を思わせる俳句が書いてありました（写真7-8）。残念ながら山水は残っていないらしく調査不能でしたが、近くの山水はほぼ軟水、しかも超軟水に近い水質でしたので、佐々木仮説は覆らず、まず一安心したというエピソードもありました。

写真 7-7　佐久岩村田で山頭火をもてなした故関口父草先生。隣には「風かをる　しなののくにの水のよろしさ」の石碑。

写真 7-8　「風かをる〜」の句が閼伽流山での発句だったことを示唆する山頭火直筆の巻物。（関口家）

水音で軟水水質がわかる

さらに、山頭火は水音で軟水名水を識別していたようです。

音はしぐれか

これは山頭火がトイレにしゃがんでいる時、外の時雨《しぐれ》が庭石に当たる音を評価したものと言われています。しぐれ、つまり雨は超軟水です。川音もそうですが、軟水の清冽な水が流れるところはサラサラ、チョロチョロと何となく響きの高い、さわやかな水音となります。ジョロジョロではないのです。水琴窟の琴のような水音の高い響きがそうです。軟水だと栄養がなく、水底の石などに苔や藻がつかないので、軟水は直接石に当たり、高めの音を発するのです。水琴窟も水の悪い硬度の高い水のところで長期間使用すると、中に菌が繁殖しスライム（粘着物質）となって音に響きがなくなり、キンキンからガラガラといった音に変化することも、私自身経験しています。水音が良いことは水質も軟水で良い水。水音と水質には密接な関係があるのです。

飲みたい水が 音たててゐた

やっぱりおいしい 水のおいしさ 身にしみる

平清盛は軟水系もののふ（武士）

時代をさらにさかのぼり、平安末期の軟水人間をご紹介しましょう。

平清盛は軟水を好んだ武士《もののふ》のように思われます。平清盛は京都で生まれた平忠盛の息子ですが、平家の棟梁として大政大臣にまで上り詰め、君臨しました。一説には白河天皇のご落胤と言われます。安芸守《あきのかみ》として広島に赴任し、宮島に厳島神社を建立したことは有名です。なぜ、厳島に神社をと思われますが、宮島は今も原生林が残っているように、全山花崗岩の地質の上に豊かな森林があり、極めて良質の超軟水に近い名水が、至るところに湧出しています。花崗岩由来のラドンを含んだ水が多く、この水はすでに述べたように、汗疹、アトピー、眼病、消化器、糖尿病等に効く霊泉であることが多いのです。この水の霊験あらたかさに気づいた平清盛は、宮島に厳島神社を創建したと考えられます。

また、呉の音戸《おんど》では平清盛が掘削したという音戸の瀬戸があります。平清盛が太陽の沈むのを扇であおぐと、太陽が逆戻りしたという日招きの像が音戸の瀬戸の高台にありますが、この一帯は、やはり宮島のようなラドンを含む軟水名水の湧出する

写真 7-9　音戸の瀬戸高台に立つ平清盛日招き像。このあたりは警固屋という地名も残り、水軍集団もいた。軟水が多く湧出。

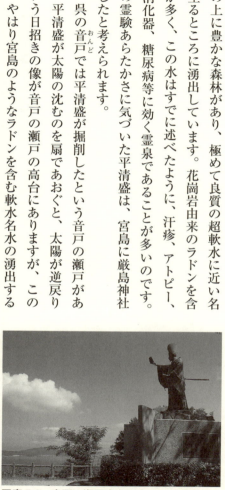

ところです。

また、彼が安芸守として滞在した瀬戸内海の港町にも、軟水の名水があります。彼は水運、海運を重視しており、中国宋との貿易等も行っており、経験的に航海中に腐らない軟水の名水が重要なこと（6章「海軍と名水」を参照）をよく知っていたのではないでしょうか。

コラム　スポーツの軟水人間たち

衣笠祥雄選手は連続出場二二一五試合、世界記録を達成した〝鉄人〟としてプロ野球界に歴史を残しています。しかし、カープ時代の彼の活躍ぶりは、決して鉄人のようではなく、軟水人間そのものなのです。ただ彼は京都の出身なので、軟水でなく中硬水で育ったはずで、硬水人間ではないか、とずーっと疑問に思っていました。

約一五年前、ＮＨＫ広島のローカル番組で、幸いにも共演する機会を得ました。広島や中国地方の文化、芸術、スポーツを討論する番組で、健さんも水文化コメンテーターとしてお呼びがかかったのです。

収録日、約束の一五～二〇分前に集まったのは私と、主婦モデルタレント、緒方かな子さん。当時、広島カープで現役だった緒方孝市選手の奥様でした。その後、約束の時間ぴったりに、衣笠さんが笑顔で入ってこられました。意外と大きくなく、少々驚きました。さらに一時間ぐらい遅刻して、広島出身の大物演歌歌手Kさんが、付き人二人を連れてこられました。我々の打ち合わせを中断し、新たにディレクターさんが彼に説明を始め、我々は待たされることになりました。衣笠さんに失礼では、と思いました。芸能界にはいろいろあるのか、とも思いました。

リハーサル、本番収録と、衣笠さんは、笑顔と厳しい表情を巧みに交え、わかりやすい解説をしておられました。緒方さんは、さすがプロのモデルであり、美しい笑顔を崩さず、にこやかに話しておられましたが、緒方選手の家庭内の生活の話では、やや厳しい硬い表情で、野球に徹する夫のことを慎重に話しておられました。衣笠さんは私の話にも真顔で聞き入ってくれていました。演歌歌手Kさんは人の言うことはあまり気にせず、台本の自分の発言を主に見ていました。

リハーサル、本番収録が終了し、帰るとき、衣笠さんがわざわざ私に向かって、「じゃあな、先生！元気でね」と右手を軽く上げ、あの満面の笑顔で挨拶してくれたのが、今も深く、深く印象に残っています。衣笠選手は、鉄人と呼ばれるけれど、実は柔軟な思考と的格な判断、素晴らしい笑顔を持たれた典型的軟水人間であったのです。

健さんは、緒方選手と話すチャンスが別にありました。二〇〇九年、彼が引退し広島市民賞を受賞した時、健さんも同じ年に名水研究の業績で仲間と一緒に受賞しており、授賞式の控えのとき話す機会があったのです。しかし、彼は「俺は違うのだ、成し遂げた男だ」というプロの才能のオーラがひしひし漂っていて、声かけすらできませんでした。この人は典型的天才、硬水人間だと感じました。

二〇一六年リオデジャネイロオリンピックの女子二〇〇メートル平泳ぎで金メダルの、金藤《かねとう》理絵選手は典型的軟水人間でしょう。もし、金とう理絵でなく、金銅（どう）理絵ならば、銅メダルも取れたかもしれませんね。金藤選手は広島県北の庄原市の出身で、三次《みよし》高校で選手生活をスタートさせました。ともに硬度二〇㎎／L以下の典型的軟水の地域で育ちました。

リオオリンピックの時、金藤選手は二七歳、競泳選手としては最年長で、引退していてもおかしくありません。しかし、「長く努力すれば必ず報われる」ということを、自ら示して、軟水人間の広島の人々に夢と希望を与えました。才能あふれる荻野公介選手や、ほかの若手選手のメダル獲得とは違った素晴らしさと気高さが感じられるのです。

金藤選手は二〇〇八年の北京オリンピックで七位、二〇一二年のロンドン大会には出場すらできませんでした。多くの失敗にもゆっくり、じっくり、諦めず、一〇年以上も軟水で泳ぎ切ったのです。軟水人間ならではの実績です。

島原湧水群（長崎県島原市、名水百選）
島原市一帯では、市街地至るところに名水が湧いている。眉山《まゆやま》に近い島原武家屋敷水路は軟水だが、低い位置にあるこの写真の白土湖《しらちこ》桶川《おけがわ》洗場の湧水は中硬水だった。ミネラルバランスの良いおいしい水。鯉がたくさんいる水路も市中に多くある。

8章 軟水ワールド、日本

轟水源（熊本県宇土市、名水百選）
正保3年（1646年）、轟水源の湧水を陶器の管で町まで引いたのが、わが国の上水道第1号と伝えられる。今もドードーと轟きながら水が流れている。

名水を求めて
水を汲みに訪れる人が
トートーと絶えない、
おいしい軟水だよ。

スイ・メイちゃん

日本の軟水水質は世界屈指

わが国は森林資源に恵まれています。今でこそ開発などで、特に、大都市周辺では森林面積は減少していますが、今なお多くの中山間部が存在し、森林地帯が残っています。世界遺産となった屋久島のスギの原生林や白神山地のブナ林からは、豊富な軟水名水が噴き出しています。特に、これら硬度一五mg／L以下の超軟水できれいな水はとてもおいしく、世界最高の水の味と、健さんは思います。

屋久島の名水、縄文水の水質（超軟水）は、わが国軟水名水の代表的水質と味でしょう（写真8‐1）。このように優れた軟水水質の水が身近に得られる国は、世界でもなかなかないと思います。九州、四国、信州、上越、東北、北海道など、豊かな森林による豊かなおいしい軟水は、全国至るところに分布しています。まさに「軟水ワールド日本」と言ってよいでしょう。

写真 8-1　世界遺産登録前の屋久島縄文杉。抱きつくと木の中を水の流れる音（?）とパワーを感じた（1991 年頃）。登山道に多くある湧水は昭和の名水百選）。

例えば、広島市でも車で一〜二時間走れば中国山地の森林地帯に行くことができ、屋久島や、白神山地の湧水に匹敵する超軟水の湧水も多いのです。この中国山地に源を発する太田川は広島県の大水源でもあり、県内各地、島嶼部まで給水されています。硬度二〇㎎／Lのきれいな軟水が、水道蛇口からも容易に得られるのです。

豊かな軟水は豊かな森林の恵み

森林が水の源であることは、すでに多くの本、雑誌、マスコミ報道、文献などで紹介されていますが、特に広葉樹林は多くの地下水を蓄えると言われています。広葉樹林では、雨が降ればもちろん、雨が降らなくても霧や雲がかかると、その広い葉っぱに水のしずくを一滴一滴蓄え、地上にゆっくりと落とします。しかも下の土壌は、落ち葉による腐葉土などでスポンジ状態になっており、ここでも水を蓄えることができるのです（図8‐1）。ところが、広葉樹林を伐採した後では、雨が降っても雨水はすぐ地上を濁流となって流れ、土の中に浸透しないのです。多くの土砂もいっしょに流してゆきます。広葉樹林は保水力の素晴らしいものなのです。木がないと、このような水の貯水はありません。

森林で確保された豊かな地下水は成分を薄め、水を軟水にします。たとえ、土壌、土質が良くなくてミネラルが溶け出ても、硬水、中硬水になることを許さないのです。

よく、針葉樹林は広葉樹林に比べて保水力がないと言われてきました。確かに若い針葉樹林は図8

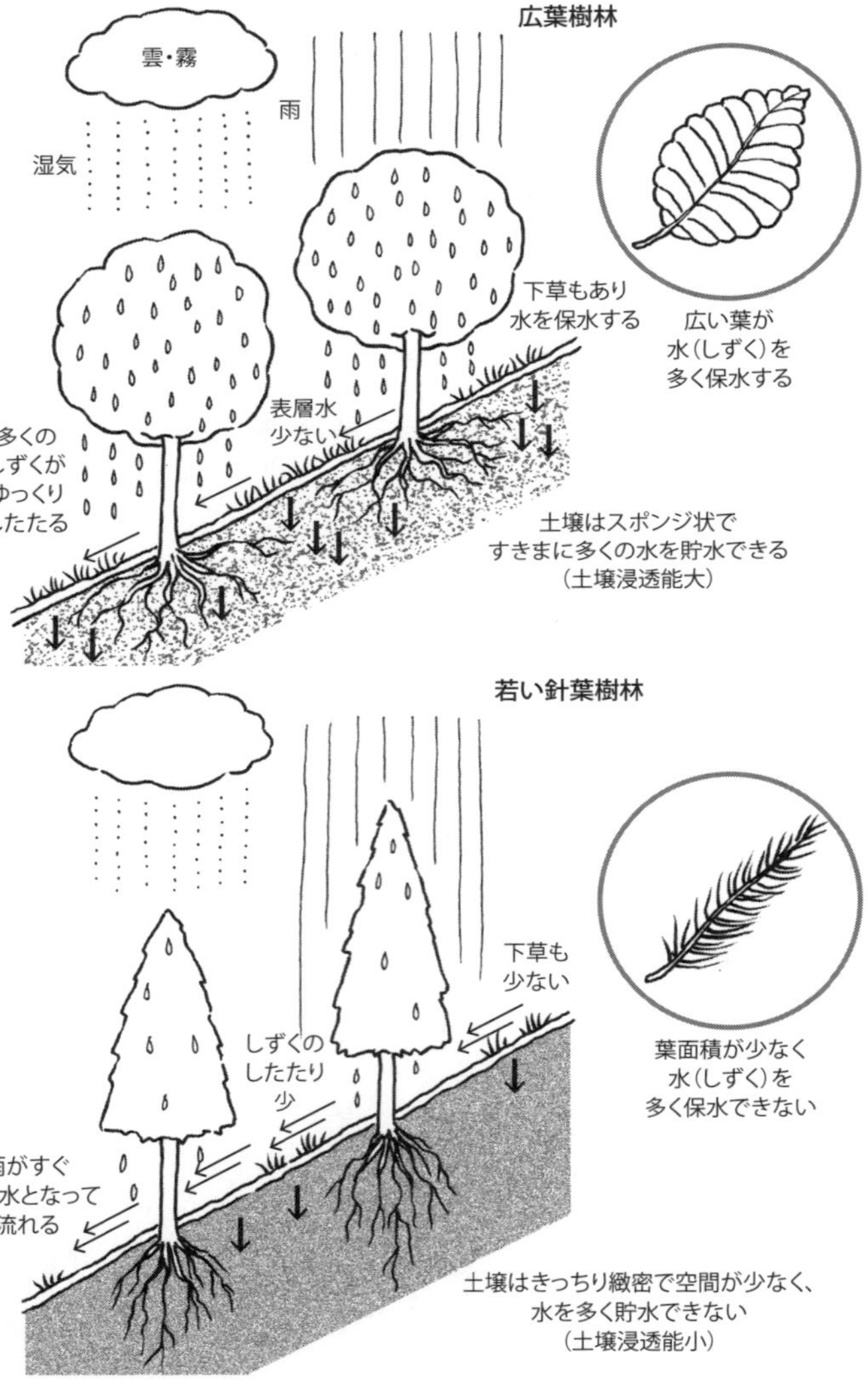

図 8-1　広葉樹林が水を多く保水できる模式図。スポンジ状土壌が多くの水を保水できることは認められている。間伐を行うと日光が入り下草等も繁殖し、水を蓄え、表層水の流れを阻止し、土壌浸透能（保水力）もより高まると言われる。針葉樹林も成長し、間伐を行うと土壌の保水力が高まり、地下水量が増加すると言われている。

-1に示すように保水力は乏しいようです。しかし、健さんは全国の湧水を調査して歩いた時、スギやヒノキの人工林でもけっこう多くの湧水があり、軟水の豊かなきれいな水を湧出させているところを、実際に多く見ています。スギやヒノキはもともと水を好む木なので、雲や霧が多くかかるところに生えていたものでしょうが、中国山地でもスギの植林をするとしばらくは地下水が減少するものの、二〇~三〇年経つと、地下水も復活してくるという例をよく見聞しています。

ただ、針葉樹林は間伐などの手入れがされず放置されると湧水量が減少し、水源として枯渇してしまったところが、最近多く見られるようになりました。針葉樹林を水源として活用するには、森林のメンテナンスが必要で、特に、間伐が水の保水に重要なのです。間伐《かんばつ》はカンバツ（干《かん》ばつ）を防ぐのです。

小規模の森林でも保水力は抜群

一九七八年、広島県の江田島で、山火事により山頂の本土側が焼けたことがあります。この時、知り合いの広島大学の中根周歩先生は、数キロメートルの範囲ですが、焼け残った斜面（山頂の江田島湾側）と焼けた斜面（本土側）の小川に水量計と雨量計を設置して、保水力、小川の流量を観測しました。図8-2に示すように、焼けた、いわゆるはげ山では、雨が降ると急に小川の水量も増えすぐに減少しますが、焼け残った江田島湾側では雨が降っても徐々に水量が増え、降雨後も徐々に水が引

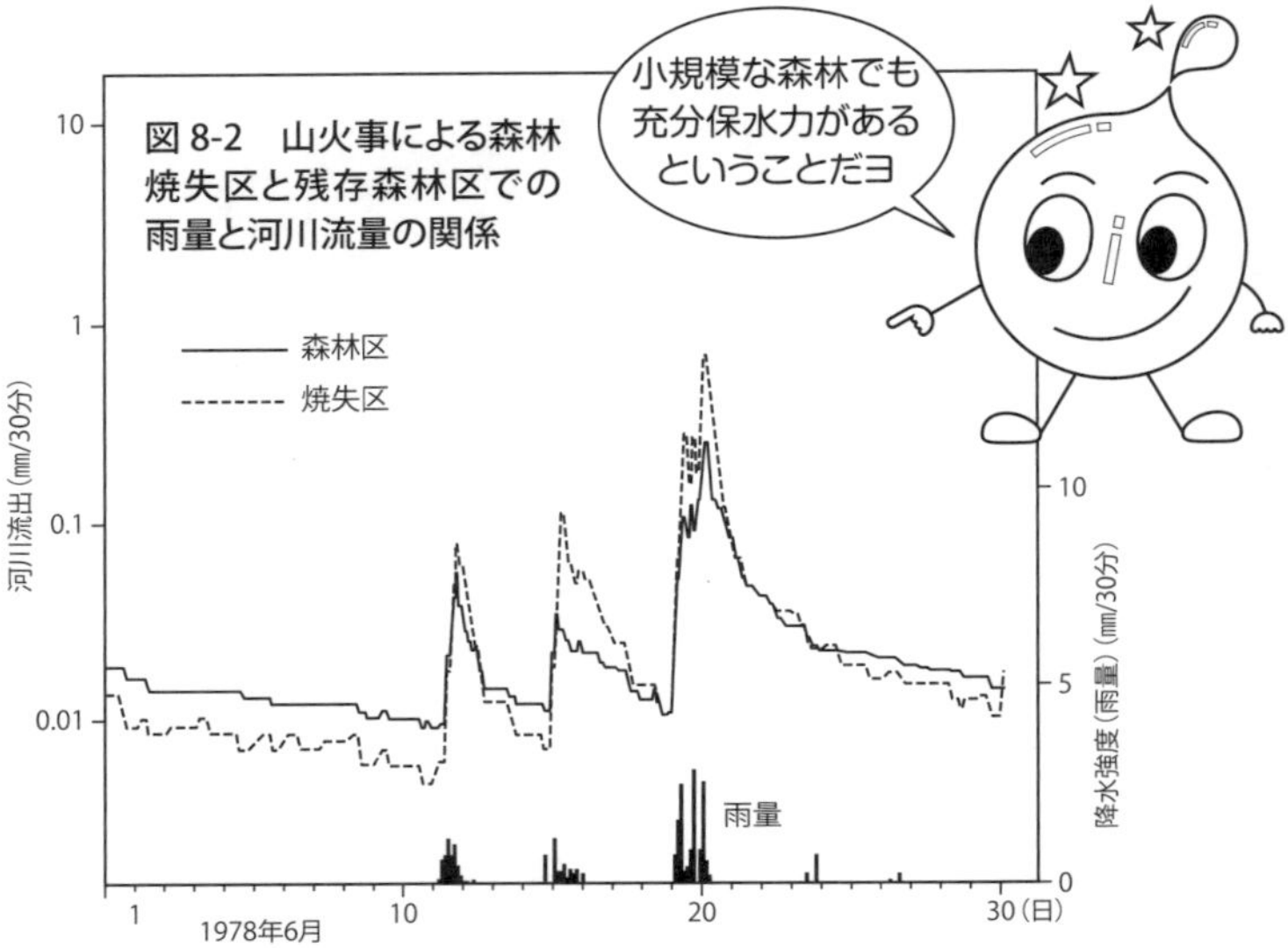

図8-2　山火事による森林焼失区と残存森林区での雨量と河川流量の関係

いてゆきます。ここは雑木林ですが、木があると保水力があることがわかります。山頂付近なので雨量は同じです。特に集中豪雨のような激しい雨の時、森林区の小川の水量は急には上昇せず、ゆっくりと上昇して、遅れて流量のピークに達しています。このことは大変重要で、もし激しい集中豪雨、ゲリラ豪雨があっても、木があれば避難する余裕があると考えられるからです(1)。江田島の山は全山、花崗岩質の山ですが、焼け残った雑木林では地滑りも少なく、一方、はげ山では、けっこう土砂の流出があったとも言われています。

このように、小規模でも森林が残っていると、保水力、土砂の流出防止効果があるということです。

鎮守の森は、水を守る森

多くの神社、仏閣には、いわゆる鎮守の森という、林や森林を後方に控えたところが多くありますが、これは鎮守の森が保水力を発揮し、井戸水や湧水に水を供給していたものと思われます。「むーらの鎮守の神様の、今日はめでたい、わき水日、ドンドン」と健さんは替え歌にしています。干ばつで、村の井戸は涸れたが神社やお寺の水は涸れなかった、神様、仏様のおかげ、とよく言われます。実は鎮守の森が保水力を維持していたのです（写真8-2）。小規模な森や林でもけっこう保水力はあり、チョロチョロとですが、渇水の時も水が涸れません。広島でも小規模の団地開発で林を切り開いたところ、三〜五年後に下方の神社や田の湧水の水量が減少し涸れてきて、ついには出なくなったところを多く見ています。三〜五年と間があくので、林を切ったことが原因とわかりにくいことも多いです。

写真8-2　古い神社、仏閣には背後に森（鎮守の森）があり、湧水を絶やさない。厳島神社も背後に原生林を控え、軟水名水が豊富。

ぬくもりのある軟水名水

ブナ林の湧水の水質調査で気づいたことですが、湧水は皆、超軟水でとてもおいしいのです。健さんはまだ若い時、硬度が低いのにこのおいしさは何だ、と思いました。当時、水のおいしさは主にミネラルから来ると言われていたからです。ブナ林の湧水の分析をしてみると、硬度は八～一五mg／Lと超軟水で、多いと汚れになる有機物（過マンガン酸カリウム消費量）は一～一・三mg／Lくらいと、名水の基準の中でも高水準に位置していることが多いのです。大腸菌や雑菌などはいません。〝ほんとうの〟名水の基準（旧厚生省おいしい水の要件）（表１‐７）では、一・五mg／L以下です。ちなみに、厚労省推奨のおいしい水の水質条件（今は要件）（表１‐２）は三mg／L以下ですが、ブナ林からの湧水はこの要件よりはるかにきれいな水です。

写真 8-3　ブナ林は雲や霧の水分もとらえて集め、地下にゆっくり浸透し“ぬくもりのある水”になる。

写真 8-4　ブナ林からこんこんと湧く湧水、雪霊水《せつれいすい》（北広島町）。著名な植物学者、牧野富太郎博士もここを訪れた。手前の児玉 集《あつむ》 氏が案内。

このような天然のきれいな超軟水を私は、〝ぬくもりのある軟水名水〟と名づけました。純水のような水ですが、全く違い、ほんの少し有機物やミネラルがあるきれいな状態で、命を育むのです。この微量な有機物、おそらくブナの葉や木が分解した腐葉土がさらに分解され土壌で粗く濾過されたものは、小さな沢に流れ出て、デトリタス（生物の死骸や排泄物）としてカワゲラやトビケラなど水生昆虫の餌になり、これらを育み、さらにこれらを食べるヤマメ、イワナなどを育む水となるのです。鳥たちもこれを餌にするでしょう。藻や苔も生え、沢ガニ、カエルなども成育し、ヘビも来ます。〝ぬくもりのある軟水名水〟は、きれいでおいしい水でありながら、生き物を育む命の水でもあるのです。ヒトにも良いことは言うまでもありません（写真8‐3、8‐4）(2)。

健さんは中国山地ばかりでなく、白神山地や屋久島、九州阿蘇山の湧水、信州の山間地でも同じ水質の水に出会っており、このような独特の水質の名水は、わが国特有の、〝ぬくもりのある軟水名水〟と言えると思います。

西条山と水の環境機構

東広島市西条の酒造組合が、「山を守り水源を確保し、伝統の日本酒の名水を守る」と、先駆的に始めた森林保全活動があります。西条龍王山という山は里山で、昔は森林から燃料、肥料、マツタケ、キノコ、木材を産する重要な山でした。しかし、木材価格の低迷や化学肥料の普及で山を顧みなくなり、山が荒れ、西条盆地の地下水も徐々に減少してきました。

西条といえば、灘、伏見に次ぐ日本三大名醸地として有名です。数キロメートルの西条駅周辺に多くの酒屋が軒を連ね、この密集度はわが国で一位です。私も西条の醸造用水を分析して、灘ほど硬度の高い水ではないにしても、発酵力の優れた極めて良質の酒造用水、世界遺産にも匹敵する酒造用名水、と昔から言ってきました(3)。

酒造組合自身が市民と行政と一体となって名水を守る

二〇〇一年、賀茂泉《かもいずみ》酒造社長の前垣壽男氏が中心となって立ち上げた「西条・山と水の環境機構」に参画を呼びかけられ(引き込まれ?)、一〇年間、西条の龍王山の水質変動を調べる機会を得ました。機構として日本酒一本を売り上げると、この機構に一円を寄付するという取り決めでした。これを基金に、山のグランドワークとして年に四、五回、酒造会社や近隣の企業、市民団体、広島大学、近畿大学や私の務める広島国際学院大学に参加を呼びかけ、森林の専門家の指導のもとに、龍王山の森林整備を行ってきています。誠に崇高な先駆的事業と思います。

私は主に水質調査を担当し、年一回は水のグランドワークとして、一般の方を相手に〝きき水〟をしたり、分析を教えたり、特に小中学校の生徒を集め、水の大切さや、西条の水質の良さなどをアピールする授業、活動をしてきました(写真8 - 5)。初めの頃の参加者は五〇名ほどでしたが、テレビや新聞、雑誌にも紹介され、今では、毎回一〇〇名を超す人が集まり、森林整備に汗を流しています。

その結果、この活動を始めた二〇〇一年から二〇一一年の間、龍王山地区の水質は全く変わらず、沢の水量も一〜二割増加した結果が得られています。森林整備が水量の維持、水質保全に役立っているという、大変貴重な成果でした(4)。もちろん一〇年程度では効果は見極めることはできませんが、二〇年後に水量、水質がどうなっているか、引き続き後継者が調査を継続しています。

この活動に刺激されたか、いろいろな食品関係の企業も同じような活動をされており、山と水を守る営みが全国に広まってゆくことは大変良いことと思っています（写真8-6）。

写真 8-5　グランドワークの予備学習として、水質と森林保全の大切さを子どもたちに授業する健さん。名水きき水、名水パン焼きも実施。

写真 8-6　里山を守るグランドワーク（森林整備）。企業、市民、行政が協力して、里山水源を守る。

山を楽しみ、水を楽しむ

「知者は水を楽しみ、仁者は山を楽しむ……（中略）……知者は楽しみ、仁者は寿《いのち》ながし」と、有名な『論語 雍也編』にあります。知者は物事の道理に通じ、水の流れるように動き、仁者は道理の上どっしり安住する。知者は心は快活で、仁者は天命を保つ、という意味のようです。

健さんはこれを、孔子《こうし》だからこうしようという提案と受け取り、水をおいしく長く楽しむには山を楽しみ大切に、そうしたら長寿が得られると、つれづれケンコー（健考）しています。

長く山と森林と水の環境問題にかかわって活動していると、この孔子の言葉は実際、健さんのつれづれ健考の曲解のほうがぴったりと来るのでは、と思えてくることが多いのです(5)。

今では、山の緑の保全が水源確保に重要であることは多くの人々が認識しています。しかし、つい三〇年ほど前までは、一部の専門家か、公害などで、はげ山になって水に苦しむ地域の人しか認識をしていませんでした。水は天からのもらいもの、あって当たり前のもので、ペットボトルで水を買うなんて、多くの人が思いませんでした。広島では山というと、植林地や里山、いわゆる材木や木炭、小材木の燃料、落ち葉の肥料、キノコなどを生産する場であって、山が水の源とは多くの人は考えなかったのです。

里山も水源として非常に重要

しかし、健さんは長年水質分析を中心に里山の湧水や沢水を調査して、里山は水源涵養、特に水質に大変重要と認識するようになりました。手入れをしていない里山のふもとの湧水や沢水には、硝酸態窒素や有機物や雑菌が多くて水質が良くなく、さらに涸れやすいという傾向があるのです（写真8-7）。よく観察すると倒木や葉が腐り、ヘドロとなってあちこちに蓄積が見られます。山が〝富栄養化〟しているのです（写真8-8）。一方、管理の行き届いた里山からの湧水は良質の軟水名水が湧き出ることが多かったのです(6)。

広島市の安佐《あさ》町久地《くち》という集落では、自己簡易水道水源（沢水）を守るために、植林による針葉樹生産と、広葉樹林を約三〇年周期でバランスよく配置し、里山の生産機能は維持しつ

写真 8-7　里山が放置され、山が荒れ、水質劣化、水量減少が目立つ。

写真 8-8　里山が荒れ、山中に木や葉が腐ったヘドロの蓄積が認められる。当然、水質は劣化。

つ、明治の頃から里山の管理を営々と続けてきました。そうして、軟水名水の水質を約一〇年前まで維持していたところもあります。まさに山を楽しみ、水を楽しんでいたのです。二〇〇二年の広島の大渇水では多くの集落で水が涸れたのに、ここは全く安泰でした。昔からそうなのだとのことです（写真8-9）(5)。

大規模水源涵養林の育成は〝緑のダム〟として重要、とよく言われます。大規模植林も同じです。一方で、地域の里山保全も小さな湧水、小さな沢水を守り人々の健康を支えるのに重要です。特に中国山地の中山間地域の集落では、八〇~九〇歳でも元気に農業や林業に活躍しているお年寄りが多いのです。広島では、このような硬度二〇~三〇㎎／Lのきれいな軟水で生活している人は、長寿で、しかも活動的な長寿が多いのです。これは中国山地、中山間部での健さんの長年の調査、観察からも言えます。

写真 8-9　広葉樹林とスギ、ヒノキの植林をバランス良く行い、昔から軟水名水を守ってきた。広島最古の部類（120 年以上前）の簡易水道貯水池前で。中央が代表の故渡康麿氏（広島市安佐町久地)。

高齢化、労働力不足で里山の整備が進まず

ただ、最近は従事者の高齢化、労働力の不足で山の手入れができず、間伐もできなくなって山が荒れ、水質が劣化しているところが多い現状です。森林税、水源税などを整備して、本格的な水源確保をしなければ、水は涸れてしまうでしょう。先の安佐町久地の集落でも、高齢化が進み、若者はいるのですが皆、広島市内に通勤するサラリーマンで、リーダーの高齢者が亡くなったとたんに里山の整備や簡易水源の手入れも行えなくなり（若者が嫌がる）、せっかくの軟水名水の自己水源も廃止になってしまいました。今は、下流から引いた水質の良くない広島市の水道水を使っています。水道水は塩素もあり、おいしくないので、県外のペットボトルの名水を買って飲んでいる若い家族も多いです。せっかくのお宝がすぐ上の山にあるのに、非常に残念に思っています。

森林税、水源税は重要です。下流の広島市周辺に住む人々は、広島の水源、太田川の、この水源上流で行われている小さな森林維持活動で今の充分な水量の水道が確保され、比較的良質な水質が保たれていること、自分たちはその恩恵にあずかっていることを認識しないといけません。この意識啓発が、広島では大いに遅れているのです。いや、広島だけでなく、日本全国の都市生活者が、この意識を持つべきです。

「知者は水、仁者は山」を、私の曲解（山を楽しみ大切に、そして山水が枯れないようにする）のように実践すべきです。

水の危機、日本

これまでは水の危機と言うと、工場排水や団地開発などによる水の汚染がマスコミで注目されていました。その後、リゾート開発や用材のための森林伐採による水源森林の喪失が、水の危機として認識されるようになりました。

さらに最近では、森林の放置による山の荒れが水源を汚し、水量の低減を招いている実態も明らかになってきており、森林整備と水源確保の重要性がクローズアップされてきています。現状のままでは、次第にわが国の水源も枯渇し、水の危機に直面する可能性が出てきました。特に大規模人工林の放置、間伐をしないなどが、水源の劣化枯渇に拍車をかけています。水道水源や多目的ダム上流域の人工林の管理不充分が深刻化していますが、その背景には、林業従事者の高齢化と後継者不足、また林業では生活できないなど、複雑な問題があるのです(7)。

さらに、市民に身近な水の危機として公共水道事業の民営化が挙げられます。特に地方の行政ではコストを抑えるために、命の水の自給までも民営化することが進んでいます。これは水道水質を守るうえで、大変由々しきことと、健さんは考えています。企業は利益を追求します。これまで多くの地域の公務員は、地域の水質を極力良いものにして供給しようと頑張ってきました。水道マン魂です。

例えば、広島の水道マン魂と水質浄化技術、水質維持技術は素晴らしいものがある（あった）と、健さんは思っています。広島はもともと源水の水質が良く、これをおいしい名水に変換する独特の技術を持っています。さらに、あの原爆の壊滅状態の中、被爆した水道マンたちは火傷にもめげず必死にポンプの復旧作業を進め、命の水（当時は名水水質）の給水を継続したのです。あの給水が断水し給水がもっと遅れていたら、広島市中の放射能の塵や死の灰を含む地下水やたまり水を飲んで（飲まざるを得ず）、より多くの人が二次的内部被曝をして、被害は拡大した可能性があると健さんは思っています。この水を守る水道マン魂は、確実に広島に継承されているのです。

しかし、民営化すれば利益を生むためによりコストダウンを図り、いわゆる法令で定められた最低限の水処理しかしないのが普通です。次第に、市民や住民が気づかないうちに、水道水質の劣化が進行していることも充分あり得る話なのです。海外の非常に汚い水源水道を浄化給水してきた民間の大企業の水道マンには、広島の水処理は仕事の楽な、利益の得やすいビジネスとだけ映るのでしょうか？

今、わが国の水は危機に瀕しているのです。

さらなる危機。中国、外国資本が、森林と水を買いつつある

さらにここ一〇年は、新たな危機にわが国は直面しています。それは、外国、主に中国系の資本による森林の買収です。二〇〇九年、北海道が道内私有林の売買について調べたところ、倶知安町《くっちゃんちょう》とニセコ町、砂川市、蘭越町《らんこしちょう》、日高町などで、中国やイギリス、オーストラリア、ニュージーランド、シンガポール等の海外資本に買収されていることがわかりました(7)。名水が湧出する羊蹄山でも。北

海道だけでなく、富士山山麓や九州、三重県でも。二〇〇九年、三重県大台町に中国人が水源を買いに来た例は広くテレビなどでも報道され、日本の水の危機と騒がれたのをご存じの方も多いと思います。

これらの情報は個人情報保護のもと、なかなか表面に出にくいのです。日本人名義のダミー会社を通じて買収が進んでいるからです。

二〇一四年（平成二六年）の林野庁が発表した二〇一三年（平成二五年）度の外国籍企業（個人）による森林買収の例を表8‐1(8)に示します。わかっているだけで六四九・五ヘクタールの森林買収が進んでいて、おそらくその後も、この動きは進んでいることが推測されます。別の集計では、二〇〇六年（平成一八年）から二〇一三年（平成二五年）年の間に、九八〇ヘクタールの森林が、すでに外国籍の法人、個人に買収されています。

目的は水

森林買収の目的は、森林の木ではなく水源です。特に中国では、最近の高度成長に伴い水不足が深刻化しているからです。ペットボトルの需要も

表 8-1　外国人によると思われる森林買収（平成 26 年 1 月～ 12 月）

北海道	ニセコ町、真狩村、倶知安町、共和町	191ha
長野県	軽井沢町	0.3ha
神奈川県	箱根町	3ha
福岡県	糸島市	0.2ha
その他の県	都道府県よりの報告	455ha
	計	649.5ha

取得者住所：中国、シンガポール、英領バージン諸島
平成 26 年 4 月 25 日、林野庁（農林水産省）プレスリリースより抜粋・修正

増え、その水源を近くの日本に求める現状があるようです。私も二〇〇九年に中国の内モンゴル自治区を訪れた際、黄河の上流域で、川幅が一キロメートル近い川底のほんの中ほどにわずかにまっ黄色に濁った水が流れているだけで、川岸や周囲はほとんど砂漠化しているのを見ました。支流も水が涸れ、川床には塩分が析出していました（写真8‐10、8‐11）。約三〇年前はこの支流でも川幅いっぱいの水があり、周辺は豊かな畑作地帯であったそうです。工業用水や大規模農地への灌漑により、支流や黄河の水が大幅に減少したとのこと。河の土手の砂が流出するので、乾燥に強いマツのような木を植林（主に日本のＯＤＡや日本からのボランティア援助）していたのが印象的でした。本当に中国は乾きつつあるの

写真 8-10　砂漠化が進む黄河上流域。土手に植林しても（日本 ODA）、砂が飛んできて再び砂漠化する（内モンゴル、フフホト市郊外、2009 年筆者撮影）。

写真 8-11　渇く中国。黄河支流も干上がり、塩分が析出。500m 以上ある川幅の真ん中（この川床の先）に、わずか数 m の川幅で流れるのみだった（内モンゴル、フフホト市郊外、2009 年筆者撮影）。

です。

恐ろしいのは、水源を掘りつくし木を切りつくしたら、そのまま放置して、次の場所に移っていく、目先のビジネス優先の考え方で、その下流域に住む住民は、水不足や土砂崩れに大いに悩まされるおそれがあることです。これを日本でやられても、わが国ではルール整備がなされていないため、現在の法規制では何もできないことです。

水をそのままタンカーや台船で持ち帰ることはコスト的に難がありそうですが、ペットボトル化して持ち帰れば充分採算がとれそうです。日本のおいしい軟水名水は、中国や韓国やアジアの富裕層には人気だからです。外国の規制なら、ペットボトルの再利用や殺菌の簡素化ができるので、より低コストでのペットボトル化も可能でしょう。

でも最も効率的なのは、土地と豊かな水をふんだんに使い、最新のハウス栽培や植物工場で作物を栽培して大量に持ち帰ることです。あるいは輸出することです。自国では売れなくてもいいのです。これをバーチャルウォーター（仮想水）の輸出と言います。バーチャルウォーターとは、物を作るとき必要な水のことです。例えば、食パン一斤（小麦三〇〇グラム）、お茶碗一杯（一五〇グラム）のご飯（米六五グラム）、鶏肉一〇〇グラム、豚肉一〇〇グラム、牛肉一〇〇グラムを作るのにそれぞれ、六三〇リットル、五五リットル、四五〇リットル、五九〇リットル、二〇六〇リットルの大量の水が必要とされ、これがそれぞれのバーチャルウォーターです。

サウジアラビアや中国やインドや韓国では、海外の土地と水を使って作物を栽培する動きがあると言われています(9)。日本はバーチャルウォーターの輸入国でしたが、利益を得ることのない輸出国になるかもしれないのです。

林業を守ることが水源の保護

外国資本による森林買収の問題には、林業従事者の高齢化、後継者不足、またわが国の林業自体の衰退が大きくかかわっています。林業に携わっても生活してゆけない、遺産相続で多額の税金を請求されている等の潜在的要因が、この森林買収の問題にはのしかかっているのです。

特に現在、わが国の人工林業は「密植」造林と言われています。昭和三〇～四〇年代に不足した木材を多く生産しようとして、かつ間伐を盛んに行うことで、間伐材を当時不足していた建築現場の足場に使おうと考えて、密植したためです。しかしその後、鉄パイプ足場が普及して、間伐材はいらなくなりました。国、行政も含め、間伐材の利用研究を進めなかったために、間伐をしても利益がないとみなされてしまい、林業の不振へと、人工林の荒廃へと、結びついたと言われます(10)。

林業が盛んで森林が健全であると、まさに〝緑のダム〟で、治水や防災（水量調整、土砂流出防止）に効果があることは多くの学者や林業関係者が認めるところです。森林が豊かな水、特に軟水の名水を生むことは、この章で指摘した通りです。国や行政、森林関係の組合、国民が、森林を守ることに全力を注ぐこと、これがわが国の素晴らしい軟水名水を守るためには喫緊の課題であり、早急に水源を保護し、治水と水の災害を防ぐルール作りが必要です。

軟水名水は我々の健康的文化生活、わが国固有の日本人らしさ、アイデンティティのある産業（食品、お酒や和紙、自動車、エレクトロニクス等）の最も基本となるものです。これら産業は外貨獲得にもつながります。軟水名水は真に〝お宝〟なのです。この貴重なお宝を国を挙げて守り、次世代に引き継ぐことが、我々市民、行政、国の責務ではないでしょうか。

ヒロシマの名水・原爆献水

「ヒロシマ」と、あえてカタカナで表記するとき、そこには、核や放射能の悲劇、惨禍を繰り返さないという、平和祈念の意味が込められています。そしてヒロシマには、大切な、守り継ぐべき名水があります。

「原爆献水」は、毎年八月六日の平和記念式典で、あの灼熱地獄の中、「水をくれー！　水をくれー！」と絶叫して息絶えた犠牲者に、市中一六カ所（現在一七カ所）の選ばれた名水を慰霊碑前で献水する儀式です。一九七四年（昭和四九年）から広島市の公式行事として行われています。この名水群は、あの時、一九四五年（昭和二〇年）当時と同じように、絶対に、永遠に、清冽な名水であるべきだと考えています。おいしい名水を犠牲者に飲ませてあげたい、そして二度と繰り返しません――この思いは、ヒロシマの「心」です。

しかし、健さんが「原爆献水」の存在を知った一九八七年（昭和六二年）年頃、すでに開発と環境破壊で、当時一六カ所の名水のうち、約一〇カ所は汚染された飲用不適な水で、それが堂々と献水されていたのです。広島市は原爆献水の水質分析を行ったことがなかったのです(今も行っていません)。そこで健さんと学生さんは毎年の献水前に一六カ所すべての水の採水と分析、データ公開を始めました。この活動は二八年間続いています。愚直な、膨大なボランティア水質分析活動です。

この長期定点観測を通して、多くのことを学び、知りました。名水水場のすぐ上に、なんと団地の下水処理場が建設され漏水で汚染された例や、アジア競技大会の会場新設で水質劣化した例、森林伐採や放置で山にヘドロが溜まって名水が汚染された例、融雪剤の使用で汚染が顕著になった例などが、明らかにされました。また、水場周辺の人々が、平和を守ろう、水を守ろうとする「心」が失われると、次第に水質が劣化する、「水は心」という概念も、この活動から生まれました。戦後の平和に対する人々の心の変遷と、ヒロシマの水環境の変遷が、データで読み取れるのです。

健さんたちはこの活動を『原爆献水』という本にまとめ、二〇一〇年（平成二二年）に出版しました(11)。さらに、世界にも発信すべく、英語版も三年後に出版しました(12)。これらの本は、広島平和記念資料館のミュージアムショップにもあります。健さんたちの活動の実績を読んでくだされば幸いです。

名水についてのまとめと今後の課題

これまで学術的解析、技術士的解析、そして〝つれづれケンコー（健考）〟を含め、わが国の名水について、健さんの四〇年以上におよぶ名水研究について書いてきました。最後に、重要な点のみまとめて、この本の記述がより皆様に役に立つようにしておきましょう。

（1）名水とは、おいしい天然水で、有機物（汚れ）のない、きれいで硬度五〇mg／L以下の水、つまり旧厚生省「おいしい水の要件」（表1‐7）に合致する水こそを、健さん流の〝本当の名水〟と言っていいと思います。現在ポピュラーな厚生労働省「おいしい水の水質要件」に合致する水は名水ではないようです！　ほかにも、酒造用名水、健康名水、ダイエット名水、人工機能名水などそれぞれの分野で、業界や団体が名水と言っているものもあるとは思います。

（2）名水には「健康名水」と呼ばれるものもあります。たかが水で健康になる？　これは、事実であり、お医者さんの領域を超えたパワーを有することもあるようです。水でスポーツや水泳の記録が左右されることもあります。

（3）名水は食品に極めて深く関係しています。特に軟水の名水は多くの和風食品に必須と言ってよいでしょう。軟水と言っても、外国の基準に基づく硬度一〇〇mg／L以下ではなく、五〇mg／L以下の真の軟水が、特に多くの食品に重要です。良い軟水名水があってこそ、世界文化遺産とも言われる、今の和風食文化が支えられているのです。真の軟水名水はわが国の〝お宝〟なのです。

（4）名水はお酒、伝統文化（錦鯉、書道の墨、和紙など）の継承になくてはならないものであることも強調しておきます。旧海軍やSLにも軟水名水は重要でした。

（5）軟水名水は、なんと、〝軟水人間〟という、わが国特有の人々を生み出しています。この軟水人間たちは、ひそかに、〝ゆっくり、じっくり、諦めず〟に、物事に対処してきました。能力がありスター的要素のある〝硬水人間〟に比べて、努力、真摯、誠実を良しとするという、日本人特有の文化をも形作っているのです。広島カープやサンフレッチェ広島の活躍、マツダロータリー、スカイアクティブエンジンなども、軟水人間の仕業なのです。

（6）名水は豊かな自然、豊かで健全な森林があってこそ初めて生み出される〝お宝〟です。特にわが国特有の清冽な軟水名水は、より豊かな森林から絶え間なく供給されてきました。このお宝の名水が、わが国独特の様々な文化を生み出したことは、これまで述べ尽くしてきました、「軟水ワールド日本」を守ってゆかねばなりません。子どもや孫の代までも。そのためには、早急に森林の保護、整備、人工林の間伐を主とする管理、林業自体の活発化が重要です。〝緑のダム〟が人工ダムより優れた保水、治水、利水に役立つことは多くの学者や林業関係者が言うところです。森林税、水源税、その他の森林に関係する治水や災害防止などへの補助金を含めた、国や自治体の施策が誠に重要となります。でも、何よりも〝国民の声〟が最も重要です。

名水や水で健康を求める人、名水による豊かな食生活を望む人、お酒を好む人は、まず山や森林を見てください。おいしい和食や日本酒の器の底には、豊かな緑、森林が横たわっているのです。豊かな自然環境を守り名水を守ること、大切な農業の源、命の水を育む林業を守ることを、もっと、考えてみてください。

きれいで清冽で豊かな名水が、末永くわが国にコンコンと湧出し続けんことを願って、技術士健さんは筆を置きます。

おわりに

健さんの四〇年以上にわたる調査研究によって、わが国の名水の水質は世界でも屈指のもので、大いに誇るべきものであることが明らかになりました。

本書を読まれた読者の皆様が、改めてわが国の名水、特に軟水名水の水質の良さ、名水がある意義や重要性を深くご理解いただければ、健さんは誠にうれしいです。さらに、この貴重な、世界遺産たるべき名水水質を守るための様々な活動、例えば、森林保全、林業振興、身近な環境を汚さない、名水を守る努力を怠らない、等の活動にご理解と、ご賛同、ご参画をいただければさらに嬉しいです。今、わが国の名水は、その屈指の秀逸なる水質と量の存続の危機に瀕しているからです。

健さんは名水調査、名水の機能の解析に、バイオ名水技術士として〝命をかけて〟活動してきました。未完成の研究も多いのですが、ある程度、世に貢献できる調査研究成果は得られたと自分でも感じています。なんとかこれまで蓄積した、膨大な知識、情報、データを、わかりやすい形で継承したい、技術士としての矜持を示したい、と人生の終わりにさしかかり、念願していました。二度もガンを患い、厳しい苦しい闘病と絶望感を経験し、今でしょう！ 今最後でしょう！ と、より気持ちが強くなったのです。

地人書館の塩坂比奈子氏には、約二〇年前に一度出版のお話をいただいたのですが、私の怠慢により原稿執筆が中断してしまいました。ところが、今回、その後二〇年のさらなる知識の蓄積を加えた再度の（最後の？）企画提案に対し、大変ご尽力いただいて出版に至ることができました。また、本書の内容構成、アレンジなど、私のワイルドで散漫な原稿を、ゆっくり、じっくり、諦めず、軟水人間のごとく編集していただきました。心より深謝いたします。

そして、名水の調査研究にご協力いただきました広島国際学院大学の教職員や学生の皆様に、心より深謝いたします。また、大病を患った私を丁寧にご治療いただいた、故室本哲男医師（ネフローゼ、その他）、篠崎勝則医師（小腸ガン）、宮田義浩医師（中皮腫）、その他多くの医師や医療関係者の方々に、心より深謝いたします。さらに、食事や生活、心の支え等に尽力してくれた妻・さつみ、長女夫妻（翠医師、真道）、長男・壮、次男夫妻（慧、みどり）に、この場をお借りして心より感謝申し上げます。

4章
(1)　佐々木健『広島・中国路水紀行』pp.2-214, 渓水社（1989）
(2)　三浦仙三郎『改醸法実践録』pp.1-43, 葆光社（1898）
(3)　池田明子『吟醸酒を創った男――百試千改の記録』pp.1-201, 時事通信社（2001）
(4)　古谷大輔 , 竹野健次 , 佐々木健『日本生物工学会講演要旨集』平成 17 年度 , p.208（2005）
(5)　佐々木健 , 佐々木慧『広島国際学院大学研究報告』49, 23-35（2016）
(6)　篠田次郎『吟醸酒誕生』pp.7-267, 実業之日本社（1992）

5章
(1)　佐々木健「錦鯉の飼育水と名水」（No.1 ～ No.35）雑誌日鱗 ,『全日本愛鱗会会誌』平成 9 年～ 11 年毎月連載（1997-1999）
(2)　佐々木健 , 竹野健次 , 渡辺昌規 , 永富寿『水処理技術』43, 117-123（2002）

6章
(1)　佐々木健『広島・中国路水紀行』pp.2-214, 渓水社（1989）
(2)　佐々木健『広島県の名水』pp.10-163, 名水バイオ研究所（2005）
(3)　佐々木健「海軍と名水」『かけ橋』No.7, pp.14-15, 本州四国連絡橋公団（1997）
(4)　佐々木健『けんみん文化』9, No.6, pp.2-5（1993）
(5)　佐々木健「水の旅日記」『広島環境ジャーナル』毎月連載 , 2001 年 No.5 より現在まで
(6)　佐々木健『みらい』（建設省中国地方建設局広報誌）No.11, p.1（1999）
(7)　佐々木健『歴史読本』昭和 63 年 No.8, pp193-194（1988）

7章
(1)　佐々木健『広島県の名水』pp.10-163, 名水バイオ研究所（2005）
(2)　梶原一明『軋んだ車体――ドキュメント東洋工業』pp.7-230（1978）
(3)　今井彰『プロジェクト X――リーダーたちの言葉』pp.106-115, 文藝春秋（2001）
(4)　御堀直嗣『マツダスカイアクティブエンジンの開発』pp.7-199, 三樹書房（2016）
(5)　佐々木健『名水紀行――山頭火と旅するおいしい水物語』pp.6-135, 春陽堂（1992）

8章
(1)　中根周歩『農業情報』平成 6 年 No.1, p.1（1994）
(2)　佐々木健『動物たちは今』pp.148-149, ぎょうせい（1989）
(3)　佐々木健 , 岩永千尋 , 竹野健次 , 浜岡尊 , 土屋義信『日本生物工学会誌』76, 51-57（1998）
(4)　佐々木健 , 竹野健次『西条山と水の環境機構 10 周年記念誌』pp.75-83, 西条山と水の環境機構（2012）
(5)　佐々木健「山を楽しみ、緑を楽しみ、水を楽しむ、そしていのち長く、ひろしまの緑」『広島県みどり推進機構』18, No.10（2003）
(6)　森川博代 , 細川雄一 , 高田幸子 , 竹野健次 , 佐々木健『環境技術』40, 198-207（2011）
(7)　橋本淳司『日本の水がなくなる日』pp.6-141, 主婦の友社（2011）
(8)　林野庁プレスリリース http://www.rinya.maff.go.jp/j/press/keikaku/140425.html
(9)　橋本淳司 https://www.facebook.com/junji.aquasphere/posts/1152206638182106
(10)　藤原信『緑のダムの保続――日本の森林を憂う』pp.7-230, 緑風出版（2009）
(11)　広島銘水研究会・佐々木健 他編著『原爆献水――ヒロシマでは平和祈念と環境保全はかさなる』pp.1-117, 名水バイオ研究所（2010）
(12)　Ken Sasaki, *Genbaku Kensui: Dedication of Water Ceremony for the Victims of the A-bomb*, pp.1-141, Mesui-Bio Research Institute Research & Development Center（2013）

※『原爆献水』とその英訳書『*Genbaku Kensui*』（内容はほぼ同じ）は各 1,000 円、名水バイオ研究所発行。
問い合わせは佐々木健技術士事務所：sasaki2590@gmail.com　Tel/Fax 082-236-7974

参考文献・引用文献

はじめに

(1) 橋本奨，藤田正憲，古川憲治，南純一『水処理技術』29, 13-28（1988）
(2) 注解編集委員会『第四回改訂国税庁所定分析法注解』pp.1-307, 日本醸造協会（1993）

1 章

(1) 佐々木健『広島県の名水』pp.10-163, 名水バイオ研究所（2005）
(2) 佐々木健，岩永千尋，渡辺昌規，鈴木洸次郎，兵岡尊，近藤暹『日本農芸化学会誌』70, 1103-1116（1996）
(3) 佐々木健，岩永千尋『日本水環境学会誌』19, 209-219（1996）
(4) 岩永千尋，佐々木健，兵岡尊『日本ファジィ学会誌』9, 373-383（1997）
(5) 佐々木健『BIOINDUSTORY』14, 44-53（1997）
(6) 佐々木健，岩永千尋『日本醸造協会誌』92, 698-708（1997）
(7) 佐々木健，竹野健次，保光義文『水処理技術』47, 269-278（2006）
(8)『朝日新聞』昭和 59 年 4 月 3 日号（1984）
(9) 橋本奨，藤田正憲，古川憲治，南純一『水処理技術』29, 13-28（1988）
(10) 佐々木健，岩原正人，大槻和男，丸山誠，鈴木洸次郎『用水と廃水』31, 804-811（1989）

2 章

(1) 藤田紘一郎『水の健康学』pp.9-197, 新潮社（2007）
(2) 上野硯夫『山口医学』6, 122-141（1957）
(3) 石原房雄『公害と対策』3, No.10, 15（1957）
(4) 橋本奨，藤田正憲，古川憲治，南純一『水処理技術』29, 13-28（1988）
(5) 藤田紘一郎『水と体の健康学』pp.10-120, ソフトバンククリエイティブ（2010）
(6)『週刊文春』2016 年 6 月 9 日号，pp.118-120（2016）
(7) 左巻健夫『おいしい水 安全な水』pp.14-173, 日本実業出版社（2000）
(8) 宇都宮丈裕『広島国際学院大学大学院工学研究科博士学位論文』pp.6-97（2003）
(9) 服部秀一郎『広島国際学院大学大学院工学研究科博士学位論文』pp.4-91（2002）
(10) 亀山孝一郎『日本全国体によく効く! 名水 50 選』pp.10-199, KK ベストセラーズ（1998）
(11) 朝倉一善『医者もおどろく“奇跡”の温泉』pp.5-216, 小学館（2001）
(12) ヤマケイガイド編集部『療養温泉の旅』pp.4-279, 山と渓谷社（1986）
(13) 水上治『日本一わかりやすいがんの教科書』pp.1-228, PHP エディターズ（2010）

3 章

(1) 佐々木健，竹野健次，保光義文『水処理技術』47, 269-278（2006）
(2) 佐々木健『和風』夏号 pp.46-49（2013）
(3) 山田和『知られざる魯山人』pp.14-649, 文藝春秋（2011）
(4) 北大路魯山人『料理王国』pp.11-304, 中央公論新社（2010）
(5) 平野雅章『魯山人御馳走帳』pp.3-301, 廣済堂出版（2004）
(6) 藪崎志穂，河野忠，鈴木康久『日本地下水学会誌』56, 53-65（2014）
(7) Sasaki Ken, Takano Kenji, Hiratsuka Hiroshi, *International Journal of Food Science Technology*, 41, 425-434（2006）
(8) 平塚広『広島国際学院大学大学院工学研究科博士学位論文』pp.4-98（2004）
(9) 平塚広，竹野健次，佐々木健『日本食品工学会誌』5, 105-111（2004）

附録1　高度な名水鑑定（技術士鑑定）の実際

名水判定のポイント

●硬度、有機物、NO_3^-−N、鉄、フッ素、マンガンが特に重要。
●おいしい水の判定だけなら表1-4の基準に合致していればよい。
●きき水、各成分のバランスから、きめ細かい名水判定が可能。吟醸酒によい、燗酒によい、和風料理によい、豆腐によい、水割りによい、コーヒーによいなど。

①pHは6.0〜8.0の中性、微アルカリ性がよい。

②臭い、色は名水にはあってはならない。

③硬度が高いと値が大きい。汚れた水も値が大きくなる。

④非常に重要。名水としては極力低いほうが良い。水の用途により、硬度は選ぶべき。

⑤特に重要。極力低いほう（きれい）が良い。

⑥硬度と汚れに相関。

⑦硬度と相関。汚れた水は値が大きい。

⑧天然水はゼロ。水道水が混入しているか識別。

⑨海水、温泉の影響、汚れた水でもやや値が大きくなる。

⑩名水としては検出されてはならない。

⑪特に重要（食品関係）。極力低いほうが良い。2mg/L以下が望ましい。
酒造用には高くてもOK。

⑫極力低いほうが良い。

⑬名水をおいしくする成分。

⑭海水、温泉の混入を識別。Cl^-とNO_3^-が低ければ分析不要。

⑮名水としては検出されてはならない。

⑯特に重要。鉄が多いと食品、伝統工芸に向かない。＜0.02mg/L

⑰水をまずくする成分。極力低いほうがよい。汚染水、温泉水の混入で高値。

⑱花崗岩の地質で高いところが多い。WHOでは1.2mg/L以下を基準としている。
1.5〜2.0mg/Lで健康に生活している人も多いのが現実。

⑲特に食品関係に重要。0.02mg/L以下が望ましい。多いと製品劣化が早い。

⑳菌は不検出が望ましい。せいぜい"痕跡"量。大腸菌は検出されてはならない。

2015年1月20日

水質鑑定結果報告書

有限会社 名水バイオ研究所

広島国際学院大学 化学教室

〒739−0321 広島市安芸区中野6−20−1

電 話 (082)820−2570 FAX (082)820−2560

採水場所	●●●名水
日・時・天候	2015年1月3日 ●●町●●● 直接採水
水温・状況	

分 析 項 目

pH	6.30		①
臭味・色	臭なし・色なし		②
電気伝導度	66.4	μS/cm	③
硬度(全硬度)	22.0	mg/L(ppm)	④
有機物、(過マンガン酸カリウム消費量)	22.0	mg/L	⑤
蒸発残渣	−	mg/L	⑥
炭酸塩(HCO_3^-)	23.0	mg/L	⑦
残留塩素	0	mg/L	⑧
塩化物イオン(Cl^-)	5.67	mg/L	⑨
NH_4^+−N	0	mg/L	⑩
NO_3^-−N	0.56	mg/L	⑪
リン酸イオン	0.19	mg/L	⑫
SiO_2	20.5	mg/L	⑬
Na	−	mg/L	⑭
NO_2^-−N	<0.01	mg/L	⑮
鉄	<0.01	mg/L	⑯
硫酸イオン	0.64	mg/L	⑰
フッ素	0.17	mg/L	⑱
マンガン	<0.01	mg/L	⑲
大腸菌群	検出せず	個/mL	⑳
大腸菌	検出せず	個/mL	⑳
一般細菌	検出せず	個/mL	⑳

所見

旧厚生省「おいしい水の要件」に充分合致する軟水の名水といってよい。まれにみえる清冽でおいしい軟水名水で、典型的な広島形名水の水質。お茶、コーヒー、和風料理等、万能の名水といってよい。

分析担当	責 任 者

技術士(総合技術監理・生物工学)

環境計量士(濃度関係)、工学博士 佐々木 健

附録2　厚生労働省水質飲用基準の読み方・解説

※この表のポイント（1）1項目でもオーバーしていると飲用不適
（2）この基準にギリギリ合致していてもかなり汚れた水。飲んでもまずい。健康にも良いかどうか？

水質基準項目と基準値（51項目）

（平成27年4月1日施行）

項目	基準	項目	基準
一般細菌	1mlの検水で形成される集落数が100以下	総トリハロメタン	0.1mg/L以下
大腸菌	検出されないこと	トリクロロ酢酸	0.03mg/L以下
カドミウム及びその化合物	カドミウムの量に関して、0.003mg/L以下	ブロモジクロロメタン	0.03mg/L以下
水銀及びその化合物	水銀の量に関して、0.0005mg/L以下	ブロモホルム	0.09mg/L以下
セレン及びその化合物	セレンの量に関して、0.01mg/L以下	ホルムアルデヒド	0.08mg/L以下
鉛及びその化合物	鉛の量に関して、0.01mg/L以下	亜鉛及びその化合物	亜鉛の量に関して、1.0mg/L以下
ヒ素及びその化合物	ヒ素の量に関して、0.01mg/L以下	アルミニウム及びその化合物	アルミニウムの量に関して、0.2mg/L以下
六価クロム化合物	六価クロムの量に関して、0.05mg/L以下	鉄及びその化合物	鉄の量に関して、0.3mg/L以下
亜硝酸態窒素	0.04mg/L以下	銅及びその化合物	銅の量に関して、1.0mg/L以下
シアン化物イオン及び塩化シアン	シアンの量に関して、0.01mg/L以下	ナトリウム及びその化合物	ナトリウムの量に関して、200mg/L以下
硝酸態窒素及び亜硝酸態窒素	10mg/L以下	マンガン及びその化合物	マンガンの量に関して、0.05mg/L以下
フッ素及びその化合物	フッ素の量に関して、0.8mg/L以下	塩化物イオン	200mg/L以下
ホウ素及びその化合物	ホウ素の量に関して、1.0mg/L以下	カルシウム、マグネシウム等（硬度）	300mg/L以下
四塩化炭素	0.002mg/L以下	蒸発残留物	500mg/L以下
1,4-ジオキサン	0.05mg/L以下	陰イオン界面活性剤	0.2mg/L以下
シス-1,2-ジクロロエチレン及びトランス-1,2-ジクロロエチレン	0.04mg/L以下	ジェオスミン	0.00001mg/L以下
ジクロロメタン	0.02mg/L以下	2-メチルイソボルネオール	0.00001mg/L以下
テトラクロロエチレン	0.01mg/L以下	非イオン界面活性剤	0.02mg/L以下
トリクロロエチレン	0.01mg/L以下	フェノール類	フェノールの量に換算して0.005mg/L以下
ベンゼン	0.01mg/L以下	有機物（全有機炭素（TOC）の量）	3mg/L以下
塩素酸	0.6mg/L以下	pH値	5.8以上8.6以下
クロロ酢酸	0.02mg/L以下	味	異常でないこと
クロロホルム	0.06mg/L以下	臭気	異常でないこと
ジクロロ酢酸	0.03mg/L以下	色度	5度以下
ジブロモクロロメタン	0.1mg/L以下	濁度	2度以下
臭素酸	0.01mg/L以下	（空白）	（空白）

有機物による汚れ

有害金属

化学工場・埋め立て地排水等の他に農地・畜産・農薬由来のものもある

化学工場等排水の他に花崗岩など地質由来のものもある

化学工場・ガス関連工場・埋め立て地・電機工場・金属加工工場等による汚れ

塩素殺菌と汚れ（有機物）で発生することもある

化学工場・ガス関連工場・埋め立て地・電機工場・金属加工工場等による汚れ

海水・温泉の影響

土質・地質の影響 150mg/Lを超すことは温泉以外まれ

クリーニング工場等の汚れ

化学工場・ガス関連工場等の排水処理由来

有機物汚れ 3mg/Lはかなり汚い $KMnO_4$消費量だと10〜15mg/Lに相当

アルカリイオン水はこれ以上のこともある

濁ったり色のついた水は良くない

索引

著者紹介

佐々木　健（ささき・けん）

1949年、呉市生まれ。1972年、広島大学工学部醗酵工学科卒業。灘（西宮）の辰馬本家酒造で3年間、酒造りの修行をした後、広島大学大学院工学研究科修士、博士後期課程で学び、1980年工学博士。同年より広島電機大学（現広島国際学院大学）講師、助教授、教授、工学部長を経て、2014年学長。2015年、病気療養のため辞職。専門は生物工学、環境化学。

技術士（生物工学部門、総合技術監理部門）、環境計量士（濃度関係）資格を有し、光合成細菌を用いた5-アミノレブリン酸（ALA）等の実用生産技術や放射性物質のバイオ実用除染技術の発明などで知られる。一方で、名水、迷水、名酔、迷酔、泥酔を求め全国を歩き回り、名水や日本酒の化学分析やきき水、きき酒を行い、名水とは何か、食品や酒や日本の伝統文化と水の関係を研究。「名水博士」「迷酔博士」ついには「泥酔博士」と、地元広島では呼ばれるようになる。日本生物工学会技術賞（1999年）、日本水大賞審査部会特別賞（2009年）、広島市民賞（2009年）、日本農芸化学会論文賞（2013年）などを受賞。

主な著書に、『名水紀行――山頭火と旅するおいしい水物語』（春陽堂、1992年）、『改訂増補 廃棄物のバイオコンバージョン――ゼロエミッションをめざして』（共著、地人書館、2001年）、『光合成細菌　採る・増やす・とことん使う――農業、医療、健康から除染まで』（共著、農文協、2015年）などがある。

そうだったのか！　驚きの名水のチカラ
名水博士が語る水と健康、食、酒……

2017年7月31日　初版第1刷

著　者　佐々木　健
発行者　上條　宰
発行所　株式会社 地人書館
〒162-0835　東京都新宿区中町15
電話　03-3235-4422
FAX 03-3235-8984
郵便振替 00160-6-1532
URL　http://www.chijinshokan.co.jp/
e-mail　chijinshokan@nifty.com
編集制作　石田　智
図版協力　神谷　京
印刷所　モリモト印刷
製本所　イマヰ製本

ISBN978-4-8052-0913-4 C0040

●好評既刊

外来魚のレシピ
捕って、さばいて、食ってみた

平坂寛 著
四六判／二三二頁／本体二〇〇〇円（税別）

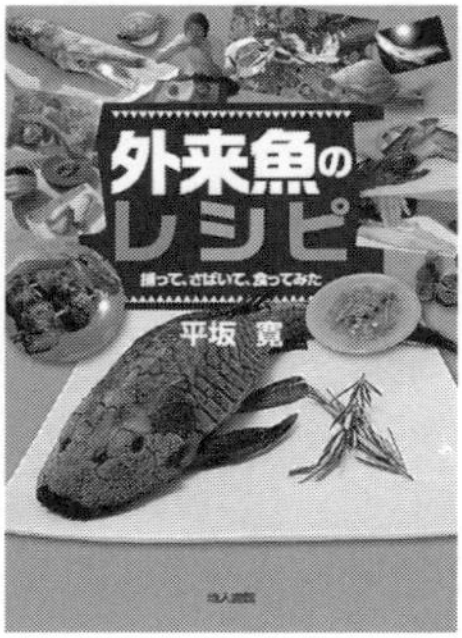

やれ駆除だ，グロテスクだのと，嫌われものの外来魚．しかしたいていの外来魚は食用目的で入ってきたもの．ならば，つかまえて食ってみよう！珍生物ハンター兼生物ライターの著者が，日本各地の外来魚を追い求め，捕ったらおろして，様々な調理法で試食する．人気サイト「デイリーポータルZ」の好評連載の単行本化．

テントウムシの島めぐり
ゲッチョ先生の楽園昆虫記

盛口満 著
四六判／二三二頁／本体二〇〇〇円（税別）

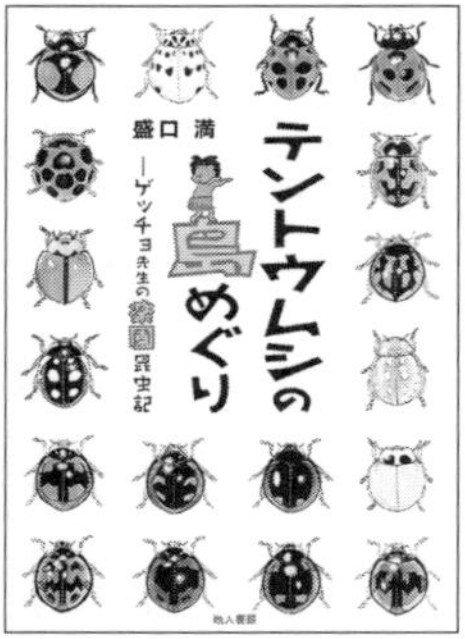

テントウムシの星はいくつ？　色は何色？　大きさは？　幻の巨大テントウムシとは？　ハワイのテントウムシは青い？　知っているようで知らないテントウムシを追いかける旅の中で，この小さな虫が土地の固有性や，人と自然の歴史と環境変化を教えてくれた．成虫の色彩や斑紋の変異，幼虫や蛹のイラストも多数掲載した．

深海魚のレシピ
釣って、拾って、食ってみた

平坂寛 著
四六判／一九二頁／本体二〇〇〇円（税別）

深海魚は水族館で見るもの、手が届かないものか?、いやいや違う。スーパーで売られ、すでに貴方も食べている。東京湾で深海鮫が釣れる?海岸で深海魚が拾える?　超美味だが5切れ以上食べると大変なことになる禁断の魚とは?　マグロの味そっくりな深海魚がいる?　珍生物ハンター平坂寛の体当たりルポ第二作！

代替医療の光と闇
魔法を信じるかい？

ポール・オフィット 著／ナカイサヤカ 訳
四六判／三六八頁／本体二八〇〇円（税別）

代替医療は存在しない，効く治療と効かない治療があるだけだ—代替医療大国アメリカにおいて，いかに代替医療が社会に受け入れられるようになり，それによって人々の健康が脅かされてきたか？　小児科医でありロタウィルスワクチンの開発者でもある著者が，政治・メディア，産業が一体となった社会問題として描き出す．

●ご注文は全国の書店、あるいは直接小社まで

㈱地人書館　〒162-0835 東京都新宿区中町15　TEL 03-3235-4422　FAX 03-3235-8984
E-mail=chijinshokan@nifty.com　URL=http://www.chijinshokan.co.jp